양자 텔레포테이션으로
인간을 전송할 수 있을까?

시그마북스

양자 텔레포테이션으로 인간을 전송할 수 있을까?

후타마세 도시후미 지음

정한뉘 옮김

시그마북스
Sigma Books

양자 텔레포테이션으로 인간을 전송할 수 있을까?

발행일 2026년 4월 21일 초판 1쇄 발행
지은이 후타마세 도시후미
옮긴이 정한뉘
발행인 강학경
발행처 시그마북스
마케팅 정제용
에디터 양수진, 최연정, 최윤정
디자인 김문배, 강경희, 정민애

등록번호 제10-965호
주소 서울특별시 영등포구 양평로 22길 21 선유도코오롱디지털타워 A402호
전자우편 sigmabooks@spress.co.kr
홈페이지 http://www.sigmabooks.co.kr
전화 (02) 2062-5288~9
팩시밀리 (02) 323-4197
ISBN 979-11-6862-449-8 (03420)

Original Japanese title:
RYOSHI TELEPORTATION DE NINGEN WA TENSO DEKIRUKA?
by Toshifumi Futamase

* **시그마북스**는 (주)**시그마프레스**의 단행본 브랜드입니다.

지은이의 말

신문이나 뉴스를 보면 종종 '양자 컴퓨터'라는 용어를 접하게 된다. 그런데 '컴퓨터'는 익숙해도 '양자'가 정확히 어떤 물질인지 아는 사람은 드물지 않을까?

원자처럼 일종의 작은 입자라는 모호한 이미지를 떠올리는 사람도 있겠지만, 이는 양자의 일면에 불과하다.

양자란 무엇인지, 그리고 어떤 성질이 있는지 최대한 이해하기 쉽게 설명하기 위해 이 책을 집필하게 되었다.

양자는 **서로 떨어진 두 장소에 동시에 존재할 수 있다**는, 인류의 상식을 초월한 수수께끼의 존재이다. 이 기묘한 성질은 본문에서 자세하게 설명하겠지만, 그 유명한 아인슈타인조차 양자의 성질을 인정하지 못했을 정도였다. 여러분도 그게 말이 되냐고 미심쩍어할지 모르지만, '그럴 수도 있지' 하고 이해해 주길 바란다.

물론 양자의 기묘한 성질을 뒷받침하는 실험적인 증거도 있는데, 이 역시 책에서 설명했다.

이러한 양자를 다루는 학문이 '양자역학'이다. 양자는 여러 분야에 등장하는데 양자가 미치는 영향을 통틀어 양자 효과, 이를 연구하는 학문을 양자물리학이라고 한다.

1925년, 양자역학의 정립은 그야말로 물리학계의 혁명적인 사건이었다. 그 전까지 학자들이 연구해 온 물리학을 고전 물리학이라는 이름으로 구분하게 되었을 정도다.

그로부터 겨우 100년밖에 안 됐지만, 반도체, 레이저, CCD 카메라 등 양자역학이 밝혀낸 물질의 구조와 전자기파 방출 및 흡수의 원리를 활용한 기술로 개발된 물건은 일일이 셀 수조차 없다. 양자역학은 경제적, 사회적으로도 엄청난 영향을 미쳤기에 **개발 경쟁뿐만 아니라 연구 부정행위와 날조 같은 과학계의 스캔들**도 분명 존재한다. 이 책에서는 양자역학과 관련된 밝은 면과 어두운 면도 함께 다루었다.

21세기가 되어 **양자역학**이 단순히 미시 세계의 물질을 설명하는 법칙일 뿐만 아니라 **시공간의 성립 자체와 깊게 관련되어 있을 가능성**이 제기되었다. 보통은 깊게 다루지 않는 양자역학의 새로운 측면도 소개하고자 한다.

양자 컴퓨터와 양자 정보라는 용어가 정립되었으니 이미 이 분야가 실용화 단계에 이르렀다고 생각하는 사람도 있는 듯하다. 그러나 양자를 실용화하려면 우선 양자를 자유자재로 조작하는 기술이 필요하다. 본문에서 소개하겠지만 양자를 다루려면 양자 결어긋남, 즉 양자는 매우 불안정해서 순식간에 사라진다는 난관을 뛰어넘어야 한다.

양자 결어긋남을 극복하고 양자 자체를 자유롭게 다루기 전까지는 양자의 시대가 도래했다고 할 수 없다. 그만큼 오랜 시간이 걸릴 것으로 보인다.

내 전공 분야는 일반 상대성 이론과 우주론이지만, 일본 대학에 취임하고 몇 년 동안은 양자역학 강의를 맡았다. 학생 시절 양자역학 강의를 들을 당시에는 양자역학이 얼마나 놀라운 학문인지 깨닫지 못했는데, 교단에 서면서 비로소 양자의 신비에 눈을 뜬 기분이다.

이 책을 읽고 양자와 양자가 활약하는 세계가 얼마나 신비로운지 조금이라도 알게 되었다면 저자로서 기쁠 따름이다.

도호쿠대학 명예교수
후타마세 도시후미

간단하게 훑어보는 양자역학

양자란 무엇일까? 그리고 양자역학이란 어떤 학문일까?

양자란 간단히 말해서 매우 작은 입자이다. 분자, 원자, 그리고 훨씬 작은 전자를 비롯한 기본 입자(소립자)의 정체도 양자이다. 양자는 특정 입자를 가리키는 말이 아니라 어떤 성질을 지닌 입자의 통칭이다. 그리고 이 양자의 움직임을 지배하는 미시 세계의 법칙을 양자역학이라고 한다. 역학은 물체에 작용하는 힘과 운동의 관계를 연구하는 물리학 분야이다.

양자가 지닌 성질이란 무엇일까? 다른 입자와 무엇이 다를까?

공과 양자를 비교해 보자. 공을 던졌을 때 공이 날아가는 궤적은 시간에 따른 공의 위치와 속도를 측정하면 알 수 있다. 하지만 양자는 위치와 속도가 동시에 결정되지 않는다. 위치를 정확하게 구하면 속도가 결정되지 않고, 속도를 구하면 위치를 결정할 수 없게 된다. 한마디로 양자는 '동시에 여러 곳에 존재할 수 있는' 입자로, 이는 양자의 파동성 때문에 생기는 특성이다.

'파동-입자 이중성'이란 무엇일까?

물리학을 공부하다 보면 "양자는 입자와 파동의 성질을 모두 가지고 있다"라는 설명을 듣게 된다. 양자는 하나의 입자로 관측되지만, 관측되지 않을 때는 '그곳에 있을 가능성(확률)'으로 존재하며, 그 가능성이 파동처럼 확산한다는 뜻이다.

예를 들어, 전자를 관측하면 그 순간 반드시 전자 1개가 나타난다. 그러나 전자 1개를 구멍이 2개 뚫린 벽에 충돌시키면 관측하지 않는 한 전자는 파동의 형태로 두 구멍을 통과한다(전자 1개가 분열해서 통과한 게 아니다).

양자역학이 기존 물리학과 다른 점은? 양자역학과 상대성 이론 중 어느 쪽이 더 우위일까?

양자역학은 독일의 물리학자 베르너 하이젠베르크(1925년)와 오스트리아의 물리학자 에르빈 슈뢰딩거(1926년)에 의해 기초가 확립되었다. 양자역학은 기존의 소박 실재론과 근본적으로 다른 학문이었기에 그 해석을 쉽게 받아들이지 못하는 물리학자가 많았다. 심지어 아인슈타인은 마지막까지 양자역학 자체를 불완전한 학문으로 생각했다.

소박 실재론이란 하나의 물체는 어디까지나 하나이며 관측하든 하지 않든 물체는 존재한다는 사고방식, 즉 우리의 일반적인 상식이다. 물리학에는 이와 유사한 개념으로 **국소 실재론**이 있다. 멀리 떨어진 위치에서 이루어지는 측정끼리는 서로 영향을 미치지 않으며(국소성), 측정 대상의 물리량은 측정하기 전부터 정해져 있다(실재성)는 사고방식이다.

뉴턴 역학처럼 국소 실재론을 전제로 하는 물리학을 고전 물리학이라고 한다. 20세기에 등장한 아인슈타인의 상대성 이론 역시 고전 물리학에 속한다. 상대성 이론은 움직이는 시계는 느려지지 않는다는 주장으로 시간과 공간의 개념을 바로잡고 우주의 팽창과 블랙홀에 관한 새로운 사실을 밝히는 데 큰 역할을 했지만, 물질의 운동을 설명할 때는 여전히 국소 실재론이 전제로 깔려 있었다.

양자역학과 상대성 이론이 없으면 오늘날의 물리학은 성립되지 않는다. 둘 다 물리학에 혁신을 일으킨 학문이기에 어느 한쪽을 무시할 수도, 우열을 가릴 수도 없다.

양자의 장점은 무엇일까? 양자를 어디에 활용할 수 있을까?

양자의 신비한 성질은 현대 사회에 엄청난 영향을 미쳤다. 가전제품과 자동차부터 비행기까지 모든 기계는 컴퓨터에 의해 제어되는데, 컴퓨터에 들어가는 반도체는 양자역학이 없었다면 구현할 수 없었을 것이다. 레이저와 디지털카메라 역시 양자역학의 산물이다.

리니어 모터카에 탑재되는 초전도 모터나 통신 수단인 양자 통신, 그리고 기존 컴퓨터로는 감당하기 힘든 문제도 계산할 수 있는 양자 컴퓨터와 지금보다도 더 정확하게 시간을 측정할 수 있는 광격자 시계까지, 앞으로 개발 및 실용화될 신기술의 바탕에는 양자역학이 있다.

차례

3장 양자역학의 미스터리

4장 양자역학, 증명 완료!

7장 블랙홀을 양자역학으로 규명하다

8장 양자 얽힘이 시공간을 만든다

아브라카다브라! 신비한 양자의 세계

 미시 세계의 주민은 모두 양자

미시 세계의 주민은 양자이다. 물질을 세세하게 나누면 분자, 나아가 원자가 되는데, 분자와 원자는 모두 양자이다. 원자의 구조를 들여다보면 중심에 원자핵이 있고, 원자핵 주위를 전자가 둘러싸고 있다. 원자핵과 전자 또한 양자이다. 그리고 전자를 비롯한 물질의 기본 구성단위인 기본 입자(소립자)도 양자이다. 물질뿐만 아니라 빛 역시 광자라는 작디작은 입자로 이루어져 있는데, 광자 역시 양자의 일종이다.

이처럼 양자란 특정 입자가 아니라 분자보다 작은 크기의 입자를 가리키는 통칭이다(그림 1).

양자와 같은 성질을 띠는 오셀로 돌에 빗대어 양자가 얼마나 신비한 존재인지 설명해 보자. 보드 위의 흰 돌과 검은 돌을 통틀어 '오셀로'로 부르기로 한다.

흰색일 수도 있고 검은색일 수도 있는 수수께끼의 양자 오셀로

한쪽 면이 흰색, 반대쪽 면이 검은색으로 되어 있는 일반적인 오셀로와 달리 양자 오셀로는 각 면이 흰색과 검은색으로 구분되어 있지 않다. 그러나 상자를 열면 흰색이나 검은색 중 한 가지

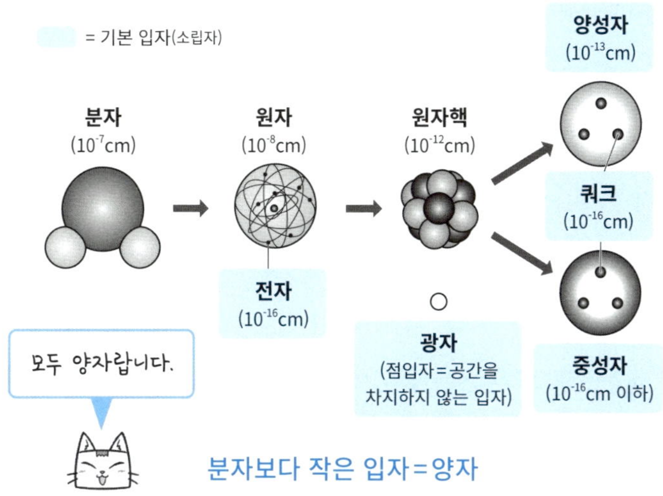

색을 볼 수 있다. 이는 양자 오셀로에 두 가지 상태가 겹쳐져 있다가 관측하는 동시에 한 가지 상태로 결정되기 때문이다.

양자 오셀로는 우리의 상식과 동떨어진, 매우 신비한 성질을 띠고 있다.

일반적인 오셀로를 큰 상자 안에 넣었다고 해 보자. 상자 안에는 돌을 튕겨 내는 장치가 설치되어 있어, 튕겨 나간 오셀로는 흰색 또는 검은색 면이 위로 가게 넘어진다.

단, 넘어지기 전까지는 상자의 뚜껑을 닫아서 내부가 보이지 않도록 한다. 뚜껑을 열면 빛이 들어와 오셀로가 무슨 색인지 보이기 때문이다. 뚜껑을 열었을 때 오셀로의 흰색 면이 위를 향하고 있었다고 해 보자. 물론 뚜껑을 열기 직전에도 오셀로는 흰색이었고, 뚜껑을 다시 닫았다가 열어도 여전히 흰색일 것이다.

양자 오셀로로 같은 실험을 해 보면 어떨까. 양자 오셀로 역시 상자의 뚜껑을 열면 흰색 면이나 검은색 면 중 한쪽이 위를 향할 것이다. 여기까지는 일반적인 오셀로와 같다.

이번에도 뚜껑을 열었을 때 오셀로가 흰색이었다고 해 보자. 그렇다면 뚜껑을 열기 직전에는 무슨 색이었을까? 당연히 흰색이라고 생각할 수도 있지만, 실제로는 그렇지 않다. 물론 오셀로를 튕겨 내는 장치는 한 번밖에 작동하지 않았다.

같은 장치가 설치된 상자를 100개 준비하고, 오셀로를 튕겨 내는 방식도 완벽하게 똑같이 설정하면 오셀로는 모두 똑같이 튕겨 나갈 것이다. 오셀로는 모두 똑같이 굴러갈 테고, 한 상자에서 흰색이 위를 향한다면 나머지 상자에서도 흰색이 위를 향하게 된다. 실제로는 상자 바닥의 상태가 미묘하게 다르므로 오셀로의 움직임이 전부 같지는 않겠지만, 이론상 완벽하게 똑같은 조건을 만들 수 있다.

그러나 양자 오셀로는 아무리 조건을 완벽하게 통일하더라도 뚜껑을 열면 상자마다 오셀로의 색이 다르다. 같은 조건에서 서로 다른 결과가 나타나는 셈이다.

어쩌면 양자 오셀로는 상자를 열고 관측하기 전까지는 살아 있는 생물처럼 색이 계속 바뀌는데, 마침 흰색이었을 때 우리가 뚜껑을 열었던 게 아닐까? 만약 그렇다면 흰색에서 검은색으로 바뀌는 순간에 뚜껑을 열면 색이 변하는 모습을 확인할 수 있다는 뜻이 된다.

그러나 언제 뚜껑을 열든 오셀로는 흰색이나 검은색뿐이다. 따라서 관측하지 않는 동안 흰색에서 검은색으로, 검은색에서 흰색으로 바뀌는 일은 없다고 봐도 무방하다. 그렇다면 어떤 가능성이 남아 있을까?

 확률이 공존하는 중첩 상태는 아닐까?

물리학자들이 고심 끝에 내놓은 답은 "양자 오셀로는 관측되지 않는 동안 흰색이나 검은색으로 고정되지 않고 두 색이 확률적으로 공존한다"였다.

예를 들어 흰색인 상태가 80%, 검은색인 상태가 20%로 공존한다고 가정해 보자. 물론 양자 오셀로가 흰색 80%+검은색 20%의 비율로 혼합된 회색이나 대리석 무늬는 아니다. 이 양자 오셀로를 100만 번 관측하면 80만 번은 흰색, 20만 번은 검은색이 나온다는 뜻이다(그림 2).

우리는 반드시 흰색이나 검은색 중 한쪽을 관측하게 된다. 관측한 순간 흰색과 검은색이라는 두 가지 가능성 중 한쪽이 확률적으로 선택되기 때문이다.

여기서 확률이란 어떠한 현상이 일어날 가능성을 수치로 나타낸 것(양자역학에서는 이 가능성을 '상태'라고 부른다)으로, 같은 현상을 셀 수 없이 많이 관측했을 때 비로소 유의미해진다.

상자를 100개 준비해서 동시에 오셀로를 튕긴 다음 관측하는 실험을 다시 예로 들자면, 관측 횟수가 100번이라면 흰색을 60번, 검은색을 40번 관측하거나 흰색을 45번, 검은색을 55번 관측할 수도 있다. 어쩌면 극히 드물게 흰색은 5번, 검은색은 95번 관측하게 될지도 모른다. 하지만 관측 횟수를 100억 번까지 늘리면 흰색을 관측한 횟수는 약 80억 번, 검은색을 관측한 횟수는 약 20억 번에 수렴한다. 이처럼 확률은 일정 횟수 이상 관측할 때 비로소 유의미해진다.

그렇다면 관측되지 않을 때 양자 오셀로는 어떤 상태일까? 물리학자들 사이에서도 의견이 분분하다. 지금은 관측하지 않을 때 양자가 일반적인 의미(흰색 또는 검은색)로는 존재하지 않고, 확률적인 의미(흰색인 상태가 80%, 검은색인 상태가 20%)로만 존재한다는 사실을 전제로 설명하고자 한다.

양자 오셀로는 뚜껑을 열었을 때 흰색이었을지라도 뚜껑을 열기 직전에도 흰색이라는 보장은 없다. 상식적으로는 말이 안 되지만, 20세기 후반에 관측 기술이 발전하면서 양자가 그러한 존재라는

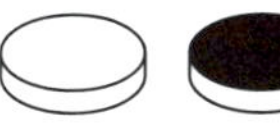

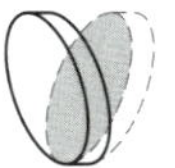

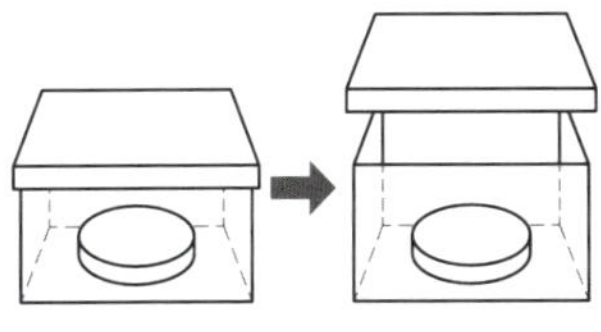

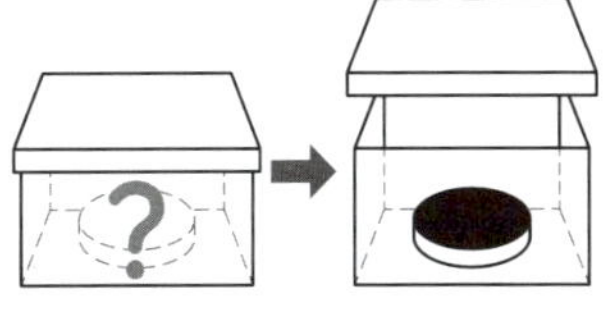

양자＝서로 다른 상태가 중첩된 존재

사실이 확인되었기에 아무리 말이 안 돼도 우리는 받아들여야 한다.

이처럼 관측하지 않을 때 흰색과 검은색이 확률적으로 공존하는 상태를 흰색과 검은색의 중첩 상태라고 한다. 양자 오셀로에는 흰색과 검은색이라는 두 상태만 존재하지만, 중첩 상태는 무수히 존재할 수 있다.

즉, 양자의 정의는 '서로 다른 상태가 중첩된 존재'이다. 아직 잘 와닿지 않아도 뒷부분을 읽다 보면 이해할 수 있으니 끝까지 따라와 주길 바란다.

양자 = 서로 다른 상태가 중첩된 존재

1장 첫머리에서도 설명했지만, 광자와 전자도 양자의 일종이다. 양자라는 명칭은 특정 입자가 아니라 미시 세계의 모든 주민을 가리킨다. 특히 광자와 전자는 양자 오셀로처럼 두 상태가 중첩된 양자로, 책에서 꾸준히 등장할 예정이다.

오셀로로 알아보는 양자 얽힘의 모순 : EPR 역설

양자 오셀로가 1개일 때도 신기한 현상이 일어났는데, 오셀로가

2개로 늘어나면 더욱 신기한 현상이 일어난다. 이 현상은 물리학자 알베르트 아인슈타인이 동료 보리스 포돌스키, 네이선 로젠과 함께 1935년에 지적했다.

상대성 이론을 제창한 아인슈타인은 양자 세계의 문을 연 인물이기도 하다. 그러나 그는 양자의 존재 방식을 결코 인정하려 들지 않았다. 그리고 만약 양자가 확률적으로만 존재한다면 상대성 이론에 부합하지 않는다고 지적했다. 이 주장을 아인슈타인, 포돌스키, 로젠 세 사람의 이름을 따 EPR 역설이라고 한다. 양자 오셀로의 예시를 통해 EPR 역설을 설명해 보자.

관측하면 반드시 같은 상태가 되게 만든 양자 오셀로 2개가 있다고 해 보자. 한쪽이 흰색이라면 다른 쪽도 흰색, 한쪽이 검은색이라면 다른 쪽도 검은색이 된다.

한쪽이 흰색일 때 다른 쪽이 검은색이 나온다고 가정해도 되지만, 지금은 관측할 때 항상 같은 색이 된다고 하자.

이처럼 한쪽의 상태와 다른 쪽의 상태 사이에 어떠한 관계가 형성된 현상을 양자 얽힘이라고 한다.

양자 얽힘 상태인 두 양자 오셀로를 관측하지 않은 채 서로 다른 상자에 넣고 멀리 떨어뜨린다. 예를 들어 한 상자는 지구에, 그리고 다른 상자는 지구에서 38만 km 떨어진 달에 두었다고 해 보자. 그러면 모든 준비는 끝났다.

지구에 둔 상자의 뚜껑을 열어 보자. 만약 상자 안의 오셀로가 흰색이라면 달에 둔 상자의 양자 오셀로 역시 상자를 열지 않아도 흰색일 것이다. 반대로 지구에 있는 상자 안의 오셀로가 검은색이면 달에 있는 상자 안의 오셀로도 검은색이 된다(그림 3).

당연하다고 여길지도 모르지만, 조금만 더 생각해 보자. 지구에 둔 양자 오셀로는 뚜껑을 열기 전까지는 흰색과 검은색이 중첩되어 있다가 뚜껑을 연 순간 흰색 또는 검은색으로 상태가 확정된다. 뚜껑을 열기 전부터 흰색인지 검은색인지 확정되지 않았다는 뜻이다. 흰색인지 검은색인지는 뚜껑을 열기 전까지 알 수 없다. 양자 오셀로란 그런 장치이다.

한편, 지구의 양자 오셀로가 흰색으로 확정되기 전까지는 달에 있는 양자 오셀로도 당연히 지구의 양자 오셀로가 어떤 색인지 알 도리가 없다. 지구의 오셀로가 흰색으로 관측된 순간, 달의 양자 오셀로도 흰색으로 확정된다.

위 예시에서는 상자를 각각 지구와 달에 두었다고 설정했지만, 달이 아니라 250만 광년 너머 안드로메다은하의 한 행성에 가져가도 결과는 같다. 두 상자의 거리와 관계없이 한쪽의 상태가 확정되면 다른 쪽의 상태도 순식간에 결정되기 때문이다.

그렇다면 안드로메다은하에 둔 상자 속 양자 오셀로는 어떻게 지구의 양자 오셀로가 흰색인지 검은색인지 알 수 있을까? 그것도

그림 3   양자 얽힘은 광속보다 빠르게 정보를 전달할 수 있을까?
(EPR 역설)

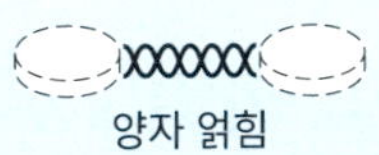

양자 얽힘
두 양자 오셀로가 반드시 같은 상태가
되는 양자 얽힘이 일어났을 때

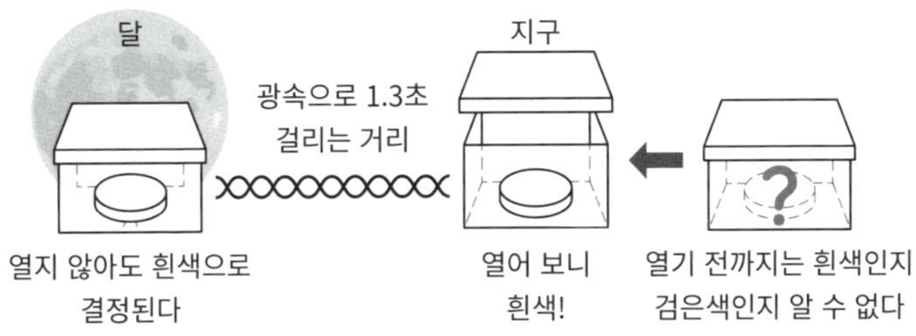

38만 km 떨어져 있어도 순식간에 같은 상태가 된다
달
지구
광속으로 1.3초
걸리는 거리
열지 않아도 흰색으로
결정된다
열어 보니
흰색!
열기 전까지는 흰색인지
검은색인지 알 수 없다

250만 광년 떨어져 있어도 순식간에 같은 상태가 된다
안드로메다은하
지구
광속으로 250만 년
걸리는 거리
검은색!
열어 보니
검은색

양자역학, 이상하지 않아?

아인슈타인은 양자 얽힘을
'기분 나쁜 상호작용'이라며 꺼렸대요.

(지구에서 오셀로의 상태가 확정된 순간 안드로메다은하에서도 오셀로의 상태가 확정되므로) '순식간에' 말이다.

 동시성의 상대성 vs 동시성의 절대성

역학은 물체에 작용하는 힘과 운동의 관계를 연구하는 물리학 분야인데, 양자의 움직임을 연구한 학문을 양자역학이라고 한다. 1925년에 기초가 정립된 양자역학에 따르면 아무리 멀리 떨어져 있어도 정보는 순식간에 전달된다. 아인슈타인은 이를 '기분 나쁜 상호작용'이라고 불렀고, 상대성 이론과 모순되므로 양자역학은 불완전하다고 주장했다.

상대성 이론에 따르면 정보는 빛의 속도(초속 약 30만 km)**보다 빠르게 이동할 수 없다.** 가령 지구와 화성이 가장 가까울 때의 거리는 3광분(빛이 3분 동안 이동하는 거리)이다. 지구에서 양자 오셀로가 흰색이라는 정보를 화성에 전달하기까지는 아무리 적게 잡아도 3분은 걸린다는 뜻이다. 그런데 양자 얽힘 상태의 오셀로를 사용하면 색깔에 관한 정보를 순식간에 무한 저편으로 보낼 수 있다고 한다.

애초에 **상대성 이론에 따르면 동시성이라는 개념조차 절대적이지 않다.** 상대성 이론에서는 **사람이 어떤 운동을 하고 있든 빛의 속도는 같기 때문**이다. 상대성 이론은 특수 상대성 이론과 일반 상대성 이론 두 가지인데, 여기서 잠시 특수 상대성 이론을 짧게 설명하고 넘어가자.

예를 들어 열차 한가운데에 폭탄이 실려 있고, 한순간에 폭발해서 빛났다고 해 보자. 그 빛은 열차 앞쪽 벽과 뒤쪽 벽에 동시에 도달할 것이다. 이 열차가 앞으로 나아가고 있다고 가정하면, 열차가 움직이고 있더라도 열차에 타고 있던 사람에게 빛은 앞쪽 벽과 뒤쪽 벽에 동시에 도달한 것처럼 보인다.

그렇다면 열차 바깥에 가만히 서 있던 사람에게는 어떻게 보일까? 이 사람이 측정한 빛의 속도도 열차 안의 사람이 측정한 속도와 같다. 따라서 앞으로 나아가는 빛이 앞쪽 벽에 닿을 때까지 걸린 극히 짧은 시간 동안 앞쪽 벽은 빛으로부터 도망치듯이 움직인다. 한편, 뒤쪽 벽은 빛을 향해 가까워지듯이 움직인다. 따라서 열차 바깥에 있는 사람에게 빛은 일단 뒤쪽 벽에 닿았다가 다음 순간 앞쪽 벽에 닿는 것처럼 보인다.

이처럼 멀리 떨어진 곳에서 일어난 현상이 동시에 일어났는지는 현상을 관찰하는 사람의 운동 상태에 따라 다르다. 이를 동시성의 상대성이라고 한다.

양자 얽힘 상태에서는 멀리 떨어져 있어도 정보가 순식간에 전달된다. 다시 말해 멀리 떨어진 장소에서 동시에 상태가 확정된다. 그렇다면 이 '동시'는 누가 관찰했을 때의 동시일까?

특수 상대성 이론을 따른다면 관찰한 주체를 명확하게 구분해야 할 것이다. 양자역학은 이에 대한 대답이 없는 학문이기 때문이다. 혹시 양자 얽힘 상태에서는 '동시성의 상대성'도 부정될까? 양자 얽힘 상태에서 정보는 무한히 빠르게 이동하므로, 상대성 이론이 무시한 '동시성의 절대성(동시에 일어난 사건은 누구에게나 동시에 일어난다)'이 부활하지는 않을까?

만약 빛의 속도가 무한이었다면 이러한 문제는 일어나지 않았을 것이다. 한 사람이 관찰했을 때 동시에 일어난 두 사건은 다른 사람도 동시에 관찰한다. 그러나 특수 상대성 이론에서는 빛의 속도는 무한하지 않으며, 관찰하는 사람의 운동 상태에 따라 다르다.

 정보의 이동 속도는 광속보다 빠를까?

정말로 정보는 광속보다 빠른 속도로 이동할까? 다시 한번 지구와 화성에 각각 둔 상자를 떠올려 보자.

여러분이 지구에 있는 상자의 뚜껑을 열고 양자 오셀로가 흰색임을 확인했다고 해 보자. 그 즉시 화성에 있는 상자의 양자 오셀로도 흰색으로 결정될 것이다. 그런데 화성에 있는 사람은 이를 어떻게 확인할 수 있을까?

그림 4 정보가 전달되기까지는 시간이 걸린다

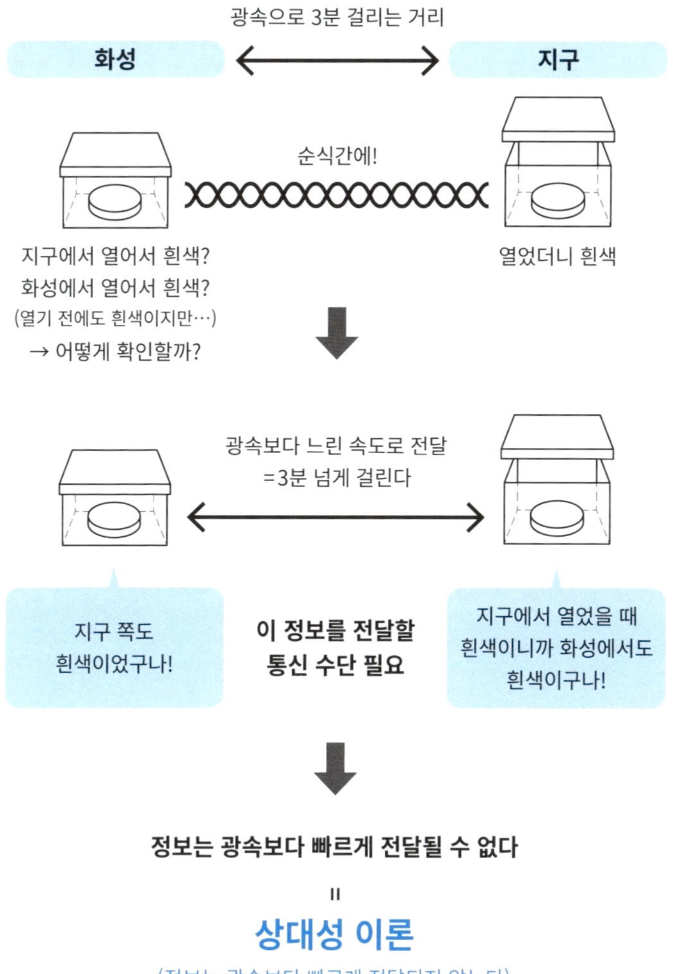

물론 화성에 있는 사람이 상자 뚜껑을 열면 흰색임을 확인할 수 있다. 하지만 그 이유가 지구에 있는 여러분이 뚜껑을 열어서인지 아니면 자신이 화성에서 뚜껑을 열어서인지 알 도리가 없다. 관측하기 전까지 양자 오셀로는 흰색과 검은색이 중첩되어 있다가 뚜껑을 연 순간 상태가 확정된다. 따라서 화성에 있는 사람은 여러분이 연락하지 않는 한 뚜껑을 열지 않은 상자 안의 양자 오셀로가 확정된 상태인지 중첩된 상태인지 알 수 없다.

그러므로 여러분이 전파 신호를 보내든 다른 수단을 쓰든 연락을 취하지 않으면 오셀로가 흰색이라는 정보는 지구에서 화성으로 전달되지 않는다(그림 4).

일반적인 수단의 통신 속도는 물론 광속과 같거나 그 이하이므로 양자역학을 따른다 한들 정보는 빛보다 빠르게 이동하지 못하며, 상대성 이론과 모순되지도 않는다.

아무리 정보가 순식간에 전달되는 양자 얽힘이라는 현상이 존재하더라도 동시성의 상대성에는 아무런 영향도 없는 셈이다.

🐱 상식과 동떨어진 양자의 세계

양자 얽힘 상태는 우리 주변에서 찾아볼 수 없다. 미시 세계가 우리의 일상과 얼마나 동떨어진 세계인지 조금씩 와닿는 독자도 있을지 모르겠다.

아인슈타인은 친구와 한밤중에 산책할 때 "보는 사람이 없으면 달은 존재하지 않는 게 되는가?"라고 말했다고 한다. 물론 달은 보는 사람이 없을 때도 존재한다. 그러나 양자는 눈으로 볼 수 없다. 아인슈타인은 양자도 달처럼 보는 사람이 있든 없든 상관없는 존재여야 하며, 따라서 그처럼 기분 나쁜 상호작용이 있어서는 안 된다고 생각했다. 그가 양자역학을 불완전한 학문으로 여긴 이유는 이 때문이었다.

결론부터 말하자면 양자의 존재 방식은 달과 전혀 다르다. 그리고 이른바 '기분 나쁜 상호작용' 역시 실제로 존재한다. 1970년대부터 양자역학을 검증하는 실험이 이루어졌고, 올바른 법칙임도 확인되었다(자세한 내용은 4장에서 설명).

아무리 불가사의해도 우리의 현대 문명은 미시 세계의 법칙인 양자역학이 없으면 성립되지 않는다. 양자역학의 법칙에 따라 나타나는 신비한 물리 현상을 **양자 효과**라고 하며, 이는 현대 사회에서 광범위하게 쓰이고 있다. 어떻게 보면 우리가 쾌적한 생활을 하고 있다는 그 자체가 양자역학이 올바르다는 증거인 셈이다.

미래 사회에서 양자역학은 더욱 중요한 역할을 맡게 될 것이다. 대표적인 사례가 바로 세간의 이목을 끌고 있는 양자 컴퓨터이다. 지금도 컴퓨터는 현대 사회의 한 축을 담당하는 중요한 요소이지만, 현대의 컴퓨터는 점점 성능의 한계에 가까워지고 있다. 그로 인해 양자 컴퓨터의 등장이 더 주목받고 있기도 하지만 이는 나중에 더 자세히 다루기로 하고, 지금은 양자의 신비성을 보여 주는 또 다른 사례로 양자 얽힘을 이용하는 '텔레포테이션(teleportation, 순간 이동)'을 소개하고자 한다.

 양자 텔레포테이션으로 순간 이동을 할 수 있을까?

SF 영화나 소설에는 사람과 물체를 순식간에 다른 장소로 옮기는 텔레포테이션 기술이 종종 등장한다. 과연 실제로도 이 기술을 구현할 수 있을까?

사전에서는 텔레포테이션을 "염력(초능력의 일종)으로 물체 따위를 순간 이동시키는 일"로 정의한다. 그리고 인간을 텔레포테이션한다고 하면 인체를 구성하는 물질이 입자 단위로 분해된 다음 이동한 장소에서 재합성되는 이미지를 떠올리는 사람도 적지 않다. 그러나 양자역학에서 설명하는 텔레포테이션(양자 텔레포테이션)은 전혀 다르다. 그리고 양자 텔레포테이션은 차세대 양자 통신과 양자 컴퓨터에 없어서는 안 될 기술이다. 이번에도 양자 오셀로에 빗대어 양자 텔레포테이션을 알아보자.

정보를 보내는 사람을 앨리스, 그 정보를 받는 사람을 밥이라고 해 보자. A씨, B씨보다 친근하지 않은가. 이름의 앞 글자가 C인 크리스도 있다.

크리스는 자신이 가지고 있는 양자 오셀로 C의 상태에 관한 정보(흰색과 검은색이 특정 확률로 중첩된 상태. 여기서는 흰색 30%, 검은색 70%로 가정한다)를 밥에게 보내 달라고 앨리스에게 부탁했다(양자 오셀로 C 자체를 보내는 게 아니다). 다만 크리스는 앨리스에게도 이 정보의 내용을 감추고 싶어 한다. 애초에 크리스의 양자 오셀로 C를 본 순간, 흰색 또는 검은색으로 결정되어 원래 정보(중첩 상태)가 사라지므로 앨리스는 정보를 볼 수 없지만 말이다.

그래서 앨리스는 양자 얽힘을 이용하기로 했다. 양자 얽힘 상태의 양자 오셀로 A, B를 준비해서 오셀로 B를 미리 밥에게 전달한 것이다. 흰색이 될지 검은색이 될지는 알 수 없지만, 둘 중 하나를 관측하면 A와 B는 반드시 같은 색이 된다고 가정한다(그림 5).
이때 앨리스는 자신이 가지고 있는 양자 오셀로 A를 보지 않았다. 보게 되면 크리스의 양자 오셀로 C와 상관없이 밥의 양자 오셀로 B가 무슨 색인지 확정되기 때문이다.
이러한 상황에서 앨리스가 자신의 오셀로 A와 크리스의 오셀로 C에 어떠한 조작을 가했다고 해 보자. 구체적인 조작은 대상에 따라 다르다(여기서는 양자 오셀로를 예로 들었지만, 실제로는 광자나 전자를 이용한다. 광자를 이용하는 경우, 두 광자를 동시에 반투명한 거울에 충

그림 5   양자 얽힘을 이용한 양자 텔레포테이션

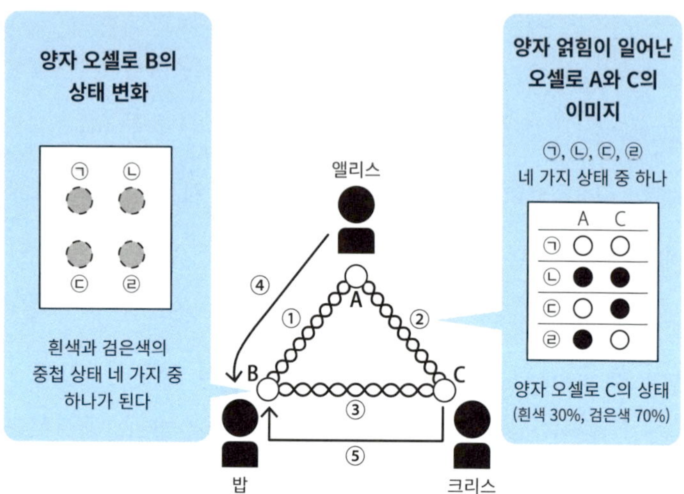

① 양자 오셀로 A와 B를 양자 얽힘 상태로 만든다.

② A와 C도 양자 얽힘 상태로 만든다. 이때 A와 C는 ㄱ, ㄴ, ㄷ, ㄹ 네 가지 중 하나이다.

③ B도 흰색과 검은색의 중첩 상태가 ㄱ, ㄴ, ㄷ, ㄹ 네 가지 중 하나로 바뀐다. 외부인은 (정보가 소실되므로) A와 C의 양자 얽힘을 훔쳐볼 수 없다.

④ 앨리스가 밥에게 고전적인 통신 방식으로 "A와 C의 양자 얽힘은 ㄱ, ㄴ, ㄷ, ㄹ 네 가지 중 하나"라고 알린다.

⑤ 밥은 B를 조정하여 C와 같은 상태(흰색 30%, 검은색 70%)로 바꾼다. 이때 원래 C의 상태는 사라진다.

C의 상태에 관한 정보가 B에 전송되면
양자 텔레포테이션이 완료된다!

돌시키거나 특정 종류의 결정에 통과시키면 양자 얽힘 상태가 된다. 양자 오셀로에도 이러한 조작이 가능하다고 가정한다).

그러면 앨리스의 오셀로 A와 크리스의 오셀로 C 사이에 양자 얽힘이 일어난다. 그리고 그 순간, 밥의 오셀로 B 역시 양자 얽힘이 일어나 상태가 바뀐다. B의 변화는 양자 얽힘 관계인 오셀로 A와 C의 상태에 따라 결정된다.

조금 더 자세히 설명하자면, 양자 얽힘이 일어난 오셀로 A와 C는 '둘 다 흰색', '둘 다 검은색', 'A는 흰색이고 C는 검은색', 'A는 검은색이고 C는 흰색'이라는 네 가지 상태 중 하나가 된다(오셀로를 관측하는 순간 넷 중 하나가 된다는 뜻이지, 원래 오셀로의 색이 그렇다는 말이 아니다. 각 오셀로의 상태는 관측하기 전까지 확정되지 않는다. 양자 얽힘이 되면 각 오셀로의 상태를 유지하면서 둘 사이의 관계만 결정된다).

오셀로 B의 상태는 네 가지 가능성에 대응하여 흰색과 검은색의 네 가지 중첩 상태 중 하나로 바뀐다. 이때 비율은 네 가지로 압축되는데, 그중 하나는 오셀로 C의 원래 상태(흰색 30%, 검은색 70%)이다. 4분의 1의 확률로 기존의 정보를 얻을 수 있는 셈이지만, 그걸로는 충분하지 않다.

다른 중첩 상태(예: 흰색 70%, 검은색 30%)는 오셀로 C의 원래 상태와 다르지만, A와 C의 양자 얽힘으로 실현될 가능성 중 하나이다. 나머지 두 상태 역시 A와 C의 양자 얽힘과 관련되어 있다.

따라서 밥이 앨리스와 크리스의 양자 얽힘을 알 수만 있다면 적절한 조작을 가해 자신의 오셀로를 크리스와 같은 상태로 만들 수 있다.

하지만 누군가가 크리스의 정보를 가로채려다가 A와 C의 양자 얽힘을 관측하면 그 순간 양자 얽힘이 붕괴해서 원래 전송하려 했던 정보는 소실되고 만다. 즉, 원리적으로 양자화된 정보는 훔쳐볼 수 없다.

이다음 단계부터는 고전적인 통신 방식을 이용한다. 앨리스는 밥에게 자신의 오셀로 A와 크리스의 오셀로 C가 양자 얽힘에 의해 네 가지 상태 중 하나로 나타날 수 있음을 메일이나 무선으로 전달한다.

밥이 그 정보를 바탕으로 자신의 오셀로 B에 모종의 조작을 가하면 오셀로 B는 오셀로 C와 같은 상태로 바뀐다.

이것이 양자 텔레포테이션이다. 고전적인 통신 방식을 이용하므로 순식간에 끝나지도 않고 광속보다 느린 속도로 전송된다. 하지만 얼마나 멀리 떨어져 있든, 얼마나 철저하게 봉쇄된 공간에 있든 누설되지 않고 정보를 전송할 수 있다는 장점이 있다. 창작물에 등장하는 투시나 천리안 같은 초능력을 양자역학으로 실현할 수 있는 셈이다. 단, 양자 얽힘이라는 조건이 필요하다.

 ## 무엇이 전송될까? 전송된 물질은 진짜일까?

양자 텔레포테이션 결과, 크리스가 가지고 있는 양자 오셀로 C의 상태가 C에서 사라지고 밥의 양자 오셀로 B로 옮겨진다. 즉, 상태의 정보가 전송된다. **양자 텔레포테이션은 물질이 아니라 정보를 전송하는 기술**이다.

하지만 밥에게 전송된 정보를 보유한 양자 오셀로 B는 크리스가 가지고 있던 양자 오셀로 C와 다른 물체이니, '진짜'라고 볼 수는 없지 않을까? 한번 생각해 보자. 대체 '진짜'란 무엇일까?

'진짜'를 '그 물체임을 정의할 수 있는 개성(자기동일성)'으로 정의한다면, 양자 오셀로를 비롯한 양자에 존재하는 유일한 개성은 상태뿐이다.

물론 양자에도 광자, 전자 등 여러 종류가 있고, 저마다 구별할 수 있다. 그러나 광자든 전자든 **종류가 같은 두 양자의 상태가 같다면 둘을 구별할 수 없다.**

두 광자를 서로 충돌시켰다고 해 보자. 충돌한 두 광자는 서로 다른 방향으로 산란(빛, 소리, 전파 등의 파동이 물체에 부딪혀 사방으로 퍼지는 현상)하는데, 어떤 광자가 어떤 방향으로 산란했는지는 절대 구별할 수 없다.

일본에서 두 번째로 노벨상을 받은 물리학자 도모나가 신이치로

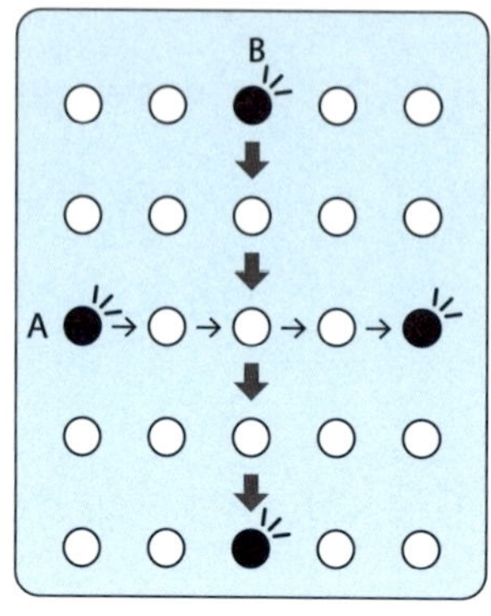

는 이를 전광판으로 설명했다. 평면에 전구가 여러 개 달린 전광판이 있다고 해 보자. 전구가 차례대로 깜박이면 마치 빛이 선을 그리며 움직이는 것처럼 보인다.

서로 다른 지점 A, B에서 출발한 불빛이 직선으로 이동하다가 만나서 교차했다고 해 보자. 불빛이 정말로 계속해서 똑바로 직진했는지 아니면 교차한 순간 수직으로 꺾였는지는 따져도 의미가 없다. 전구가 깜박이기 때문이다(그림 6).

양자는 전광판의 불빛과 같다. 전광판은 양자가 존재하는 공간,

전구는 공간에 존재하는 양자의 성질을 나타낸다. 이 성질을 '장(場, field)'이라고 한다. 광자라면 광자장, 전자라면 전자장이다. 공간에 아무것도 없는 것처럼 보여도 사실은 다양한 양자장이 존재한다.

양자 텔레포테이션이란 전광판에 달린 한 전구의 불빛(상태)이 떨어져 있는 다른 전구로 이동하는 현상이다. 단, 실현되려면 출발지와 도착지가 양자 얽힘으로 이어져 있어야 한다.

이제 다시 양자 오셀로로 돌아가 보자. 양자 오셀로 C의 정보를 전송하고 나면 원래 양자 오셀로는 남아 있지만, 상태가 사라진다는 의미에서 '진짜'라고 할 수는 없다.

 양자 텔레포테이션 실용화까지 앞으로 한 발짝

양자 텔레포테이션의 원리는 1993년에 발견되었다. 그리고 1997년에는 오스트리아 인스브루크대학교의 안톤 차일링거 교수가 이끄는 연구팀이 광자의 편광 중첩 상태를 이용하여 정보를 전달하는 양자 텔레포테이션 실험에 성공했다.

그러나 실험의 전송 효율은 매우 낮았다. 광자 100개의 양자 상태(양자가 어떤 상태에 있는가. 여기서는 광자의 양자 얽힘 상태를 가리킨다) 중 제대로 전송된 정보는 1개에 불과했다.

이듬해인 1998년, 당시 캘리포니아 공과대학에 재직 중이었던 후루사와 아키라는 더 효율적인 양자 텔레포테이션에 성공했다. 마찬가지로 광자를 이용했지만, 편광 중첩이 아닌 파동성을 이용한 이 방법은 양자 컴퓨터에도 응용할 수 있었다.

이후 후루사와의 방법이 편광 중첩에도 적용되도록 확장되면서 전송 효율은 60% 이상까지 올라갔고, 빛을 이용하는 양자 컴퓨터에 대한 사람들의 기대는 한층 높아졌다.

 인간을 텔레포테이션하려면?

그렇다면 인간을 전송시킬 때도 마찬가지일까? 미국의 SF 드라마 「스타 트렉」을 보면 전송 장치에 들어가 "에너자이즈(Energize)!"라고 외치면 들어간 사람이 사라지고 다른 장소에 나타나는 장면이 종종 등장한다. 위키백과에 따르면 "물질을 양자 단위로 분해하여 전송 빔이라는 에너지파에 태워 목적지로 보낸 뒤 다시 물질화하는 기술"이라는 설정인 듯하다.

그러나 양자역학에 따르면 실제로 전송되는 것은 인간의 정보이며, 전송 장치에 들어간 물질은 사라지지 않는다. 전송된 순간 정보를 잃고, 인간을 구성하는 물질은 뿔뿔이 흩어져 한 줌 먼지가 되거나 어쩌면 껍데기가 남을지도 모른다. 그리고 의식을 포함한 정보를 이어받은 '본인'이 목적지에 나타나게 된다.

현재까지 밝혀진 대로라면 양자 텔레포테이션이 실현되기 위해서는 출발지와 도착지에 양자 얽힘 상태의 양자가 있어야 한다. 거시 세계의 물체는 미시 세계의 양자로 이루어진 집합체이므로, 양자가 많아질수록 모든 물체에 대응하는 양자 얽힘 상태를 구축하기는 어려워진다.

2004년에는 베릴륨 원자와 칼슘 원자의 양자 텔레포테이션에 성공했다는 보고가 있다. 원자의 구조는 원자핵을 중심으로 여러 개의 전자가 주위를 도는 간단한 형태이지만, 인간처럼 거대한 물체를 원자 단위로 들여다보면 그야말로 어마어마한 수의 양자(로 이루어진 수많은 원자)로 구성되어 있다. 심지어 뇌는 복잡한 양자 얽힘을 이룬 상태로 활동하는 것으로 추정된다(양자 뇌 이론). 양자 텔레포테이션을 실행하려면 양자 얽힘 상태의 양자를 인간을 구성하는 양자와 같은 수만큼 출발지와 도착지에 준비해 두어야 한다.

양자가 준비되었다면 앞에서 소개한 앨리스처럼 전송할 양자와 자신이 가지고 있는 양자를 얽힘 상태로 만들어야 한다. 광자를 비롯한 미시 입자를 양자 얽힘 상태로 만드는 기술은 준비되어 있지만, 인간처럼 큰 물체에 어떻게 적용해야 할지는 확립되지 않았다.

애초에 양자 얽힘 상태 자체가 매우 불안정하기에, 외부에서 아주 미미한 영향만 받아도 양자 얽힘은 무너지고 잘못된 정보가 전송되고 만다.

이 오류를 바로잡으려면 출발지와 도착지에 양자 얽힘 상태의 양자가 더 많이 필요하다. 생각하면 할수록 해결해야 할 문제가 늘어나는 실정이다.

정리하자면, 아쉽지만 SF 작품에서 묘사되는 텔레포테이션은 불가능하다.

하지만 큰 물체의 텔레포테이션을 구현하기 위해 밤낮으로 연구하고 있는 실험물리학자들을 과소평가해서는 안 된다. 원자가 모여 분자가 되고, 분자가 모여 유기물이 된다. 훗날 바이러스만 한 물체라면 양자 텔레포테이션이 가능해질지도 모른다.

어쩌면 이 드넓은 우주 어딘가에는 당연하다는 듯이 양자 텔레포테이션으로 생물을 전송할 만큼 고도로 발달한 문명도 있지 않을까?

2장

미시 세계의
문이 열리다

1장에서는 신비한 양자의 성질을 알아보았다. 이 양자는 어떻게 발견되었을까? 이번 장에서는 양자의 발견을 둘러싼 이야기를 소개하고자 한다.

 용광로는 정확히 몇 도일까?

프랑스와 국경을 맞대고 있는 독일 중서부 자를란트주의 자르강 근처에는 인구 약 4만 명인 소도시 푈클링겐이 있다. 이 소도시는 세계 유산으로 유명하다. 19세기 말 독일에서 일어난 제2차 산업 혁명을 뒷받침한 대규모 제철소가 당시의 형태 그대로 보존되어 있기 때문이다.

양자 세계의 이야기는 제철소의 용광로에서 시작되었다. 양질의 철을 생산하려면 용광로의 내부 온도를 정확하게 측정해서 제어할 수 있어야 한다. 높은 온도를 유지하는 용광로의 자그마한 창은 미시 세계를 들여다보는 창이기도 했다.

용광로의 창으로 새어 나오는 빛의 색을 보면 온도를 어느 정도 추정할 수 있다. 당시에는 이미 이러한 내용이 밝혀져 있었다.

- 빛은 전자기파의 일종이며, 파장은 약 400~800nm(나노미터)이다.

- 파장이 긴 빛(저온)은 붉고, 파장이 짧은 빛(고온)은 희푸르다.

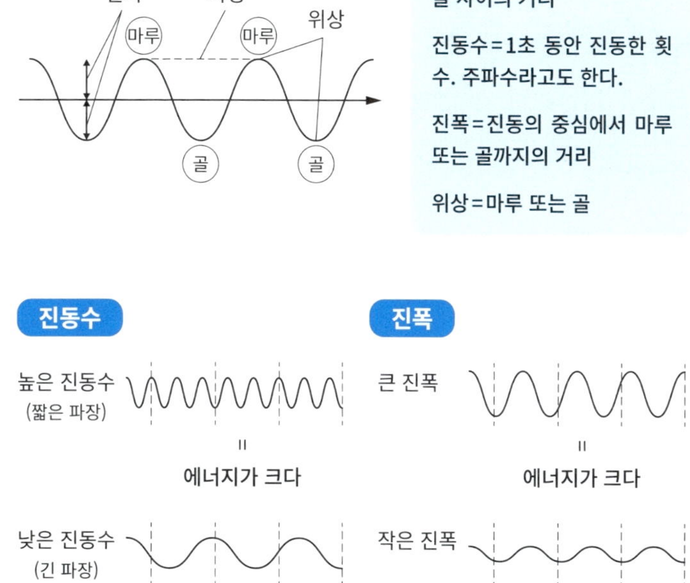

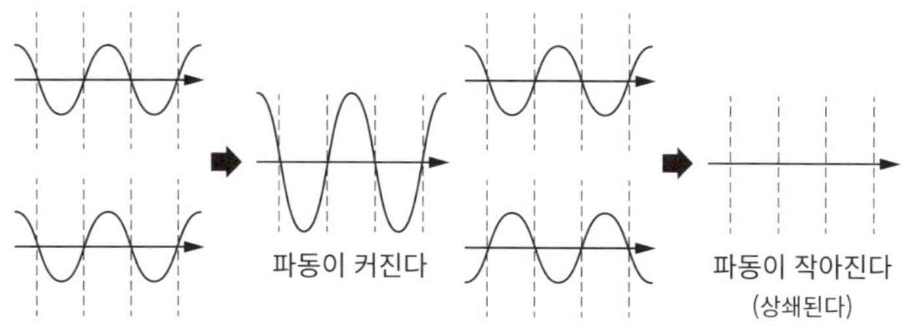

마루와 마루, 골과 골이 만나면 파동이 커진다(보강 간섭).
마루와 골이 만나면 파동이 작아진다(상쇄 간섭).

파동이란 어떠한 양이 주기적으로 변하며 퍼져 나가는 현상이고, 파장은 한 주기의 길이이다(그림 7). 가령 물의 파동은 물결의 높이 변화, 빛의 파동은 전기장과 자기장의 변화이다. 이때 물의 파장은 마루와 마루 사이 또는 골과 골 사이의 거리, 빛의 파장은 같은 방향에서 전기장의 세기가 최대가 되는 두 지점 사이의 거리이다.

빛(일반적으로 전자기파)이 파장 단위로 나뉘는 현상을 분광, 파장 단위로 나뉜 빛의 세기를 스펙트럼이라고 한다. 온도가 낮을수록 방출된 빛의 파장이 길고, 반대로 온도가 높을수록 방출된 빛의 파장이 짧다(그림 8). 따라서 용광로에서 새어 나오는 빛의 스펙트럼을 보면 용광로의 온도를 대략 알 수 있다.

그러나 순도가 높은 철을 효율적으로 생산하려면 대강 추정하는 정도로는 부족하고, 정확한 온도가 필요했다. 그리고 온도를 정확하게 측정하려면 빛의 스펙트럼 형태(파장에 대한 빛의 세기 그래프)를 이론적으로 설명할 수 있어야 했다.

그런데 뜻밖의 사태에 맞닥뜨리게 되었다.

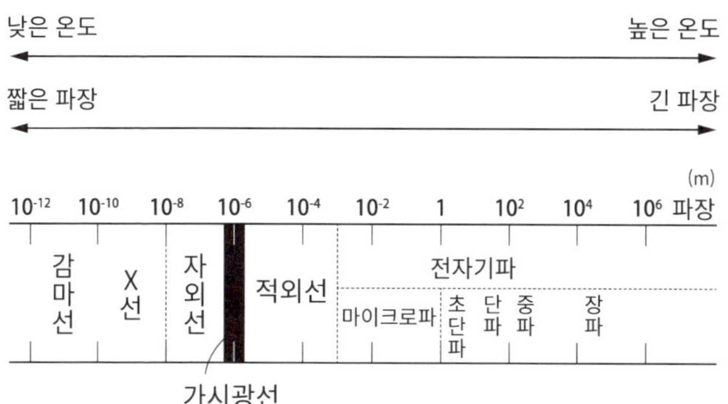

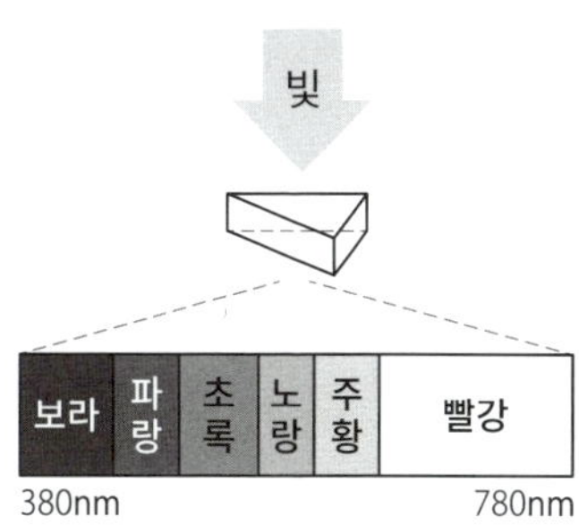

프리즘과 분광기를 사용하면
빛을 파장별로 나눌 수 있다.

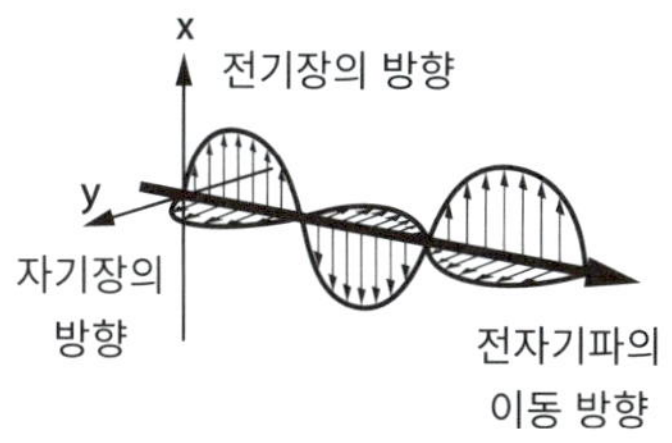

x축은 전기장의 진동 방향,
y축은 자기장의 진동 방향이다.
전자기파(빛)는 전기장과 자기장이
어우러져 진동하며 공간을
가로지르는 파동이다.

 # 19세기 물리학자들의 고민

고온의 용광로에는 다양한 파장의 빛이 뒤섞여 있는데, 이 빛들은 용광로 벽이나 철광석의 원자 또는 분자에 의해 끊임없이 흡수되고 방출된다. 빛을 흡수하면 원자와 분자를 이루는 전자가 흡수한 에너지만큼 격렬하게 진동하고, 그 진동으로 같은 진동수의 빛을 방출하면 전자는 에너지가 낮은 진동 상태로 돌아간다. 전자도 빛도 다양한 진동수로 진동하는데, 각 진동수의 진동을 진동 모드라고 한다. 그러므로 진동 모드는 무수히 존재한다.

19세기 물리학에서는 모든 진동 모드가 온도에 의해 결정되며 같은 값의 에너지를 가진다고 설명하는데, 이를 에너지 등분배 법칙이라고 한다. 이 법칙에 따라 계산하자 용광로에서 나온 빛의 스펙트럼이 긴 파장 대역에서 측정된 값과 맞아떨어졌다. 그러나 짧은 파장 대역에서는 계산 결과와 맞지 않아 빛의 에너지가 무한하게 커지는 모순이 나타났다. 이유는 간단했다.

양 끝이 고정된 특정 길이의 고무에서 일어난 진동을 생각해 보자. 고무보다 긴 파장의 진동은 없지만, 파장이 짧은 진동은 얼마든지 존재할 수 있다. 빛에서도 마찬가지로 짧은 파장(높은 진동수)의 진동은 얼마든지 존재할 수 있다. 무수히 많은 단파장의 진동 모드에 에너지가 균등하게 분배되므로 에너지는 무한하게 커진다.

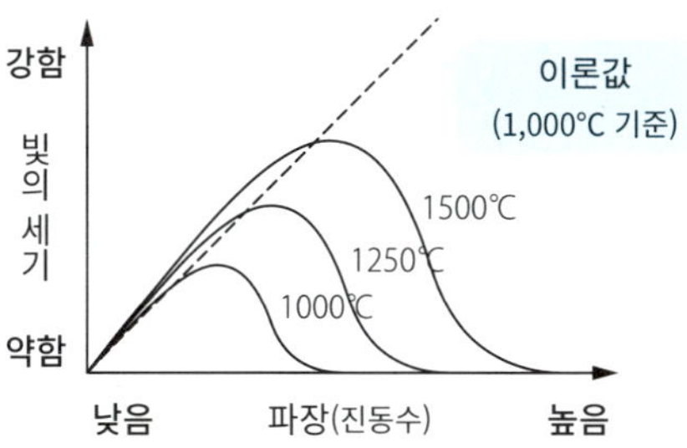

이론적으로 에너지가 무한하게 커지는 이유는 위와 같다. 그러나 실제로 용광로 빛의 스펙트럼을 측정하면 특정 파장보다 짧은(특정 진동수보다 높은) 빛의 세기가 급격하게 감소했다(그림 9). 19세기 물리학자들은 이론과 현실의 괴리에 머리를 싸맸다.

 빛 에너지는 불연속적이다: 양자의 존재를 예언한 플랑크

당시 독일 베를린대학교의 교수였던 막스 플랑크도 그중 한 사람이었다. 아무리 애를 써도 빛 스펙트럼의 형태를 이론적으로 유도할 수 없던 플랑크는 방침을 바꿔, 측정된 스펙트럼의 형태를 정확하게 나타내는 식을 구하기로 했다.

마찬가지로 독일의 물리학자인 빌헬름 빈은 플랑크보다 앞서, 용광로에서 나오는 빛 중 단파장 대역에서 빛의 세기가 급격하게 감소하는 현상을 나타내기 위해 어떤 식을 제시했다.

플랑크는 이 식을 약간 변형하여 짧은 파장뿐만 아니라 긴 파장에서도 스펙트럼과 일치하는 결괏값을 유도하는 식을 완성했다. 이것이 바로 1900년에 만들어져 오늘날까지도 널리 쓰이는 플랑크 법칙이다. 그림 9에서 알 수 있듯이 플랑크 법칙을 만족하는 빛을 흑체 복사(흑체에서 온도에 따라 열복사의 형태로 방출되는 전자기파-옮긴이)라고 한다.

만약 플랑크가 여기서 만족했다면 그는 훗날 명성을 떨치지 못했을지도 모른다. 빈의 식을 변형하고, 그에 어떤 의미가 있는지 탐구하는 과정에서 플랑크는 '빛 에너지의 변화는 불연속적이다'라는, 기존의 상식만으로는 이해할 수 없는 과감한 결론에 도달했기 때문이다. 아들에게 "아빠는 터무니없는 발견을 했을지도 몰라"라고 이야기했다는 일화에서도 그의 결론이 당시 얼마나 과감했는지 엿볼 수 있다. 조금 더 자세히 들여다보자.

앞에서도 설명했다시피 기존의 식으로 계산했을 때 결괏값이 무한대가 되는 원인은 용광로에 존재하는 모든 진동 모드에 에너지가 균등하게 분배되기 때문이었다. 정말로 계산대로 무한대가 되었다면 현실의 용광로는 폭발했겠지만, 실제로 에너지는 무한대가 되지 않는다. 이로써 우리는 파장이 짧은(=진동수가 높은) 진동 모드에 에너지가 분배되지 않는다는 사실을 유추할 수 있다.

플랑크는 1900년, 물질이 빛을 흡수하거나 방출할 때 **빛 에너지는 진동수에 비례하는 값의 배수가 된다**는 가설을 세웠다. 즉, 빛의 에너지는 불연속적인 값(어떤 양의 2배, 3배, 4배 등 정수배인 값)이라는 뜻이다. 이를 **양자 가설**이라고 한다.

간단한 예를 들어 보자. 1옥타브 건반밖에 없는 피아노가 있다고 해 보자. 어떤 건반이든 같은 힘으로 누르면 소리에는 차이가 없다. 피아노를 치면 낮은음이든 높은음이든 똑같이 날 것이다.

그런데 높은음으로 갈수록 건반을 세게 눌러야 한다면 어떨까. 똑같은 힘으로 피아노를 쳐도 높은음은 거의 나지 않을 것이다. 용광로에서 일어나는 현상도 마찬가지이다.

용광로는 건반이 무수히 많은 피아노와 같다. 피아노의 건반 하나하나가 특정 진동수의 진동 모드라고 보면 된다. 그리고 높은 진동수(짧은 파장)의 진동 모드에 대응하는 건반일수록 치는 데 에너지가 많이 필요하다. 그러나 여기에도 한계가 있다.

이 때문에 높은 진동수(짧은 파장)의 진동 모드는 실제로 진동하지 않는다. 모든 진동수의 진동 모드에 같은 양의 에너지가 분배

① '불연속'의 이미지

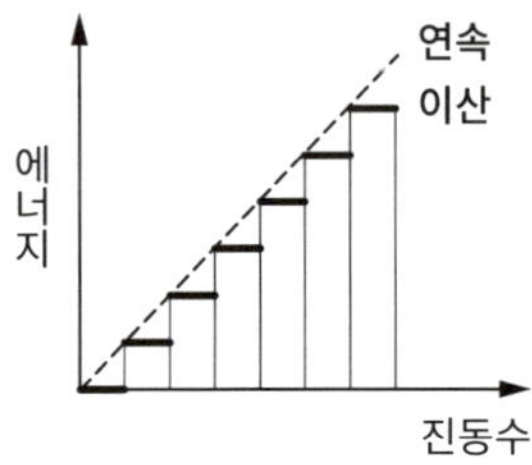

【에너지의 값은 불연속적】

에너지의 값은 어떤 양의 2배, 3배, 4배……
등 정수배로 바뀐다. 그래프로 그렸을 때 불
연속적인 계단 형태가 되면 이산적, 직선이
되면 연속적이다.

② 덩어리로 나타낸 '불연속'의 이미지

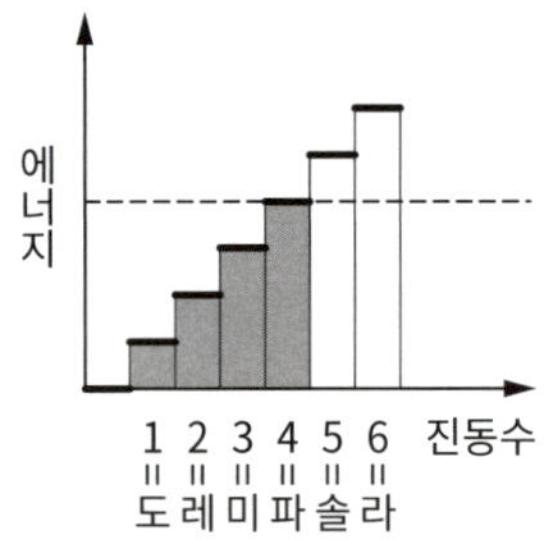

【건반 음을 낼 때 필요한 에너지】

(특수한 경우를 예로 든 설명)

용광로 내부에 도, 레, 미, 파, 솔, 라 건반이
있고, 각 음을 내는 데 필요한 에너지 '덩어
리'가 있다. 용광로의 내부 온도(에너지)가 그
림의 점선에 해당하는 값이라면, 도, 레, 미,
파 음밖에 나지 않는다.

③ 양자 가설

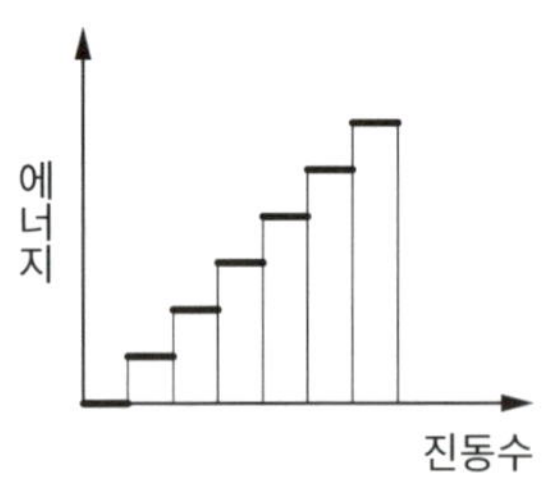

【빛 에너지는 진동수에 비례한다】

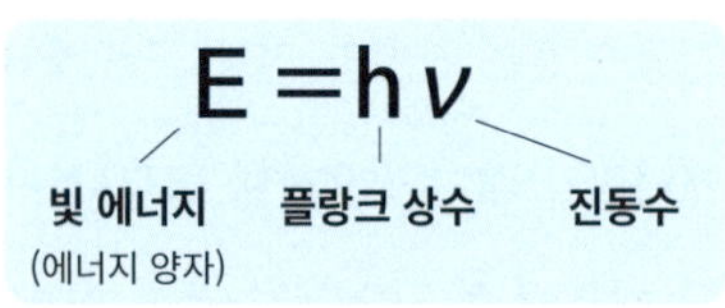

$$E = h\nu$$

진동수가 높을수록 각 진동수에서 에너지
덩어리(에너지 양자)가 커진다.

되지 않기 때문이다. 그 결과, 용광로에서 나오는 빛의 에너지는 온도에 따라 결정되는 에너지에 대응하는 진동수보다도 높은 대역에서 감소한다(그림 10).

위 설명에는 '불연속적'이라는 표현이 빠져 있다. 알기 쉽게 약간 특수한 경우를 예로 들어 보충 설명을 하려 한다. '불연속적'이라는 말 대신 하나씩 뭉쳐 있는 덩어리를 떠올려 보자.

용광로 내부에 존재하는 피아노에 '도, 레, 미, 파, 솔, 라'라는 건반이 있다. '도'라는 음을 내려면 일정량의 에너지 '덩어리'가 필요한데, 이 덩어리는 여러 개의 작은 덩어리로 나눌 수 없다.

레 음을 내려면 도의 2배에 해당하는 에너지를 가진 다른 덩어리가 필요하다. 도 음을 내는 덩어리가 2개 있어도 레 음은 나지 않는다. 미 음은 에너지가 도의 3배인 또 다른 덩어리가 필요하고, 도 음을 내는 덩어리 3개가 있어도 소리가 나지 않는다.

마찬가지로 파는 도의 4배, 솔은 도의 5배, 라는 도의 6배에 해당하는 덩어리가 각각 필요하다(지금 우리가 가정한 대상은 특수한 피아노이다. 일반적인 피아노에서 레의 진동수는 도의 2배가 아니다).

용광로의 내부 온도(에너지)가 그림 10 ②의 점선에 해당하는 값일 때, 도에서 파까지의 음은 나지만 솔과 라 음은 이 음을 내는 데 필요한 에너지가 부족하여 소리가 나지 않는다. 각 건반을 치려면 저마다 필요한 에너지보다 많은 '덩어리'가 필요하므로 그보다 에너지가 낮은 덩어리에서는 소리가 나지 않는다.

그러나 기존 이론에서는 이 '덩어리'의 존재를 고려하지 않았기 때문에 도, 레, 미, 파, 솔, 라 모든 건반에 균등한 에너지를 분배했고, 모든 건반에서 똑같이 소리가 난다고 생각했다. 실제와 이론의 차이는 앞에서 설명한 대로이다. 에너지를 '덩어리'로 가정하지 않으면 솔과 라 음이 나지 않는 이유를 설명할 수 없다. 즉, 그림 9(플랑크 법칙)처럼 빛 에너지가 높은 진동수 구간에서 감소하는 이유는 빛 에너지의 값이 불연속적(=덩어리)이기 때문이다. 다소 억지스러운 비유였는데, '불연속적'이 어떤 의미인지 이해를 돕기 위해서였으니 양해 바란다.

플랑크는 이 '덩어리'를 에너지 양자라고 불렀다. 이 개념은 이후 아인슈타인의 광양자 가설로 발전했다.

19세기 물리학에서는 빛 에너지가 진동수와 관계없이 어떤 값이든 나올 수 있다고 생각했기에, 빛 에너지가 불연속적인 값이라는 사고방식은 그야말로 혁신적이었다.

앞에서 불연속적인 값을 어떤 양의 2배, 3배, 4배 등 정수배라고 설명했는데, 다른 말로 '이산적(離散的)'이라고도 한다. 반대로 어떤 값이든 나올 수 있다면 '연속적'이다. 플랑크는 연속에서 이산으로 발상을 전환했다. 따라서 양자 가설의 표어를 정한다면 '연속에서 이산으로'가 아닐까.

 세계의 법칙을 지배하는 세 숫자 : 플랑크 상수, 광속, 뉴턴의 중력 상수

빛의 진동수가 2배 커지면 에너지도 2배, 진동수가 3배 커지면 에너지도 3배로 커진다. 즉, 빛의 에너지는 진동수에 비례한다. 비례 관계인 두 양을 연결 짓는 상수를 비례상수라고 한다. 이 경우 비례상수는 물리학의 기본 상수 중 하나인 플랑크 상수이며, 식으로 나타내면 다음과 같다.

$$E = h\nu$$

E는 에너지, h는 플랑크 상수, ν(뉴)는 진동수이다.

물리학의 기본 상수, 즉 물리 상수는 값이 변하지 않으며 다른 양에서 유도할 수도 없다. 플랑크 상수 외에도 광속, 그리고 중력의 세기를 결정하는 뉴턴의 중력 상수도 대표적인 물리 상수이다. 이 세 가지 기본 상수의 값이 조금이라도 달랐다면 이 세상은 지금과 전혀 다른 모습이 되었을지도 모른다.

 ## 빛은 파동이다 : 발상을 바꾼 맥스웰

17세기 말, 고전역학을 확립한 뉴턴은 빛이 직진하는 현상을 근거로 빛이 작은 입자의 집합체라고 주장했다(빛의 입자설). 그러나 1805년, 영국의 토머스 영이 **파동의 마루와 마루가 중첩되면 파동이 강해지고, 마루와 골이 중첩되면 파동이 상쇄되는 간섭 현상**을 실험으로 증명하여 빛이 파동이라는 증거를 제시했다.

그리고 1860년대에 맥스웰이 전자기학의 기초를 확립하면서 **빛은 전기와 자기의 진동이 파동의 형태로 공간을 가로지르는 연속적인 현상**으로 밝혀졌다.

물의 파동으로 알 수 있다시피 파동은 연속적인 진동이므로 맥스웰의 이론에서도 빛 에너지는 연속적이다. 어떤 값이든 나올 수 있는 셈이다. 하지만 이는 빛 에너지가 이산적이라는 플랑크의 양자 가설과 전혀 맞물리지 않았기에 양자 가설을 이해하려면 새로운 이론이 필요했다.

그러나 당시 플랑크는 빛이 입자라는 데까지 생각이 미치지 않았던 모양이다. 빛 에너지가 이산적으로 나타나는 것은 빛의 특성이 아니라 빛이 용광로 안에서 벽에 흡수되거나 방출될 때의 어떠한 메커니즘 때문이라고 생각했던 듯하다.

 ## 빛은 입자이다 : 아인슈타인의 광양자 가설

플랑크도 원래 빛 에너지가 연속적이라고 생각했을뿐더러 빛의 파동성도 의심할 여지가 없었기에 사람들은 빛이 입자라는 주장을 금방 받아들이지 못했다. 그러나 분위기는 서서히 바뀌고 있었다.

계기는 아인슈타인이 1905년에 발표한 연구였다.

1830년대에 이미 금속에 빛을 비추면 전류가 흐르는 현상이 발견되었다. 이를 광전 효과라고 한다. 그리고 1897년에는 전자가 발견되면서 전류가 전자의 흐름임이 알려졌다.

독일의 물리학자 필리프 레나르트는 광전 효과를 깊이 연구한 끝에 다음과 같은 사실을 발견했다(그림 11).

① 아무리 강한 빛을 비춰도 진동수가 특정 값보다 낮으면 금속에서 전자가 나오지 않는다.

② 진동수가 높은 빛을 비추면 운동 에너지가 큰 전자가 튀어나오는데, 튀어나오는 전자의 수는 항상 같다.

이 연구로 레나르트는 1905년 노벨 물리학상을 받았다.

전자가 금속에서 튀어나오려면 최소한의 에너지가 필요하다. 빛

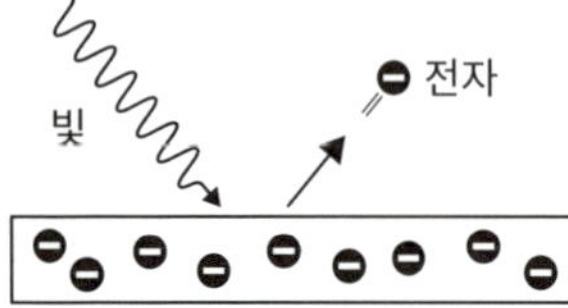

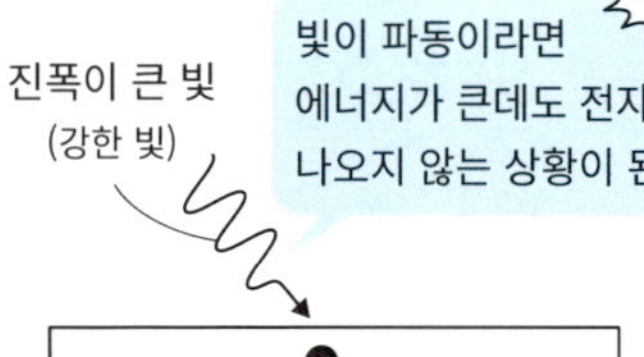

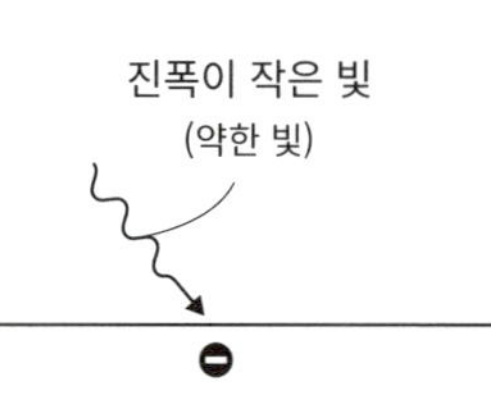

진동수가 특정 값보다 낮으면 진폭이 크든
작든 전자는 튀어나오지 않는다

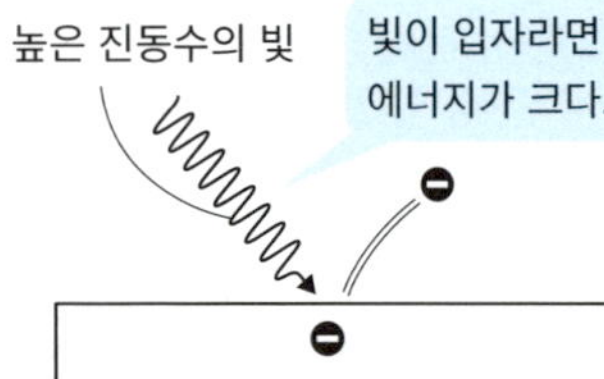

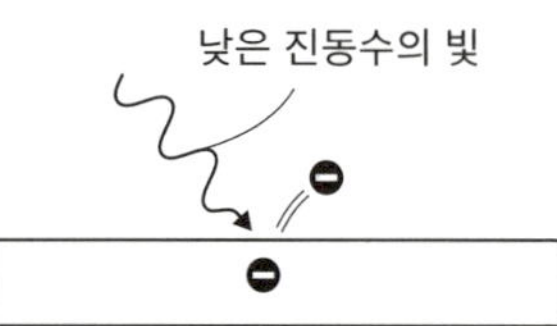

특정 진동수보다 높은 빛과 낮은 빛을 각각
비췄을 때, 높은 진동수의 빛에서만 전자가
세게 튀어나온다(＝운동 에너지가 크다)

빛은
입자이다

이 파동이라면 진동수와 상관없이 파동의 진폭(흔들리는 폭)이 클수록 빛 에너지가 크므로, 진동수가 낮은 빛을 비춰도 전자는 튀어나와야 한다. 이는 레나르트의 실험 결과 ①과 모순된다.

아인슈타인은 **빛은 입자이며, 진동수가 높을수록 에너지가 크다**고 주장했다. 이는 빛 에너지가 진동수에 비례한다는 플랑크의 양자 가설에도 부합했다. 그리고 진동수가 낮고 에너지가 작은 광자를 아무리 비춰도 전자에는 금속에서 튀어나올 만한 에너지가 없으므로 레나르트의 실험 결과 역시 설명할 수 있었다.

이러한 빛의 입자를 광양자, 혹은 광자라고 부른다. 이 연구로 아인슈타인은 1921년 노벨 물리학상을 받았다.

여담이지만, 레나르트는 열렬한 나치 당원이자 히틀러의 과학 고문이었다. 1930년부터 제2차 세계대전이 끝날 때까지 아인슈타인을 비롯한 유대인 물리학자들의 연구를 가리켜 사람들을 홀리는 '유대 물리학'이라며 중상모략했다고 한다.

 빛은 파동인 동시에 입자이다

1923년에는 미국의 물리학자 아서 콤프턴이 X선을 전자에 충돌시키면 진로가 꺾이고 파장이 길어지는 현상을 발견했다(콤프턴 효과). 기존의 이론대로라면 X선은 전기와 자기로 이루어진 파장(전자기파)이므로 전자와 부딪히면 같은 진동수로 전자를 진동시키고,

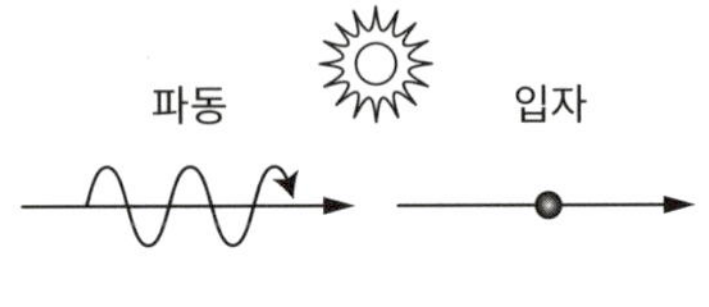

빛은 파동인 동시에 입자이다.

진동하는 전자에서는 진동수가 같은 전자기파가 방출된다. 따라서 산란하는 X선의 파장은 바뀌지 않아야 한다.

X선이 입자라면 전자와 부딪힌 입자는 전자에 에너지를 주고, 그만큼 에너지가 감소한다. X선의 파장이 길어진다는 뜻이다. 따라서 콤프턴의 실험 결과는 빛이 입자여야만 설명할 수 있는 셈이다.

이렇게 된 이상 빛이 입자임을 부정할 수 없게 되었다. 하지만, 사람들은 여전히 **빛이 입자이기도 하고 파동이기도 하다**는 사실을 쉽사리 받아들이지 못했다. 애초에 입자와 파동은 서로 양립할 수 없는 존재이니 그럴 만도 했다. **입자는 공간의 한 점에 존재하지만, 파동은 공간에서 퍼져 나간다**(그림 12).

이러한 분위기 속에서 프랑스의 물리학자 루이 드 브로이가 등장했다.

 ## 전자도 입자인 동시에 파동이다 :
드 브로이 가설

1923년, 루이 드 브로이는 누구나 입자라고 굳게 믿고 있던 전자가 파동처럼 행동한다(파동성)는 과감한 예측을 내놓았다(드 브로이 가설). 당시 전자의 파동성을 증명하는 증거는 어디에도 없었지만, 드 브로이는 광자에서 발견된 입자성과 파동성이 광자뿐만 아니라 미시 세계의 모든 입자에 보편적으로 적용된다고 생각했다. 보통 전자를 비롯한 양자는 입자로 간주하지만, 이를 파동으로 해석할 때는 물질파라고 부른다.

드 브로이와 별개로, 미국의 물리학자 클린턴 데이비슨은 1921년부터 니켈 결정의 표면을 분석하기 위해 전자를 비추는 실험을 진행해 왔다. 그리고 1923년에는 전자가 잘 튕겨 나오는 특정 각도에 대한 단서를 발견했다.

니켈 결정은 규칙적으로 배열된 니켈 원자로 만들어진다. 원자가 규칙적으로 배열된 구조를 격자라고 한다. 이미지로 나타내면 정사각형의 변과 변이 만나는 각 점과 면 중심에 원자가 있고, 그러한 정사각형이 규칙적으로 배열되어 결정 전체를 구성하는 형태이다(그림 13).

니켈 결정에 전자를 부딪치면 전자는 결정을 이루는 니켈 원자

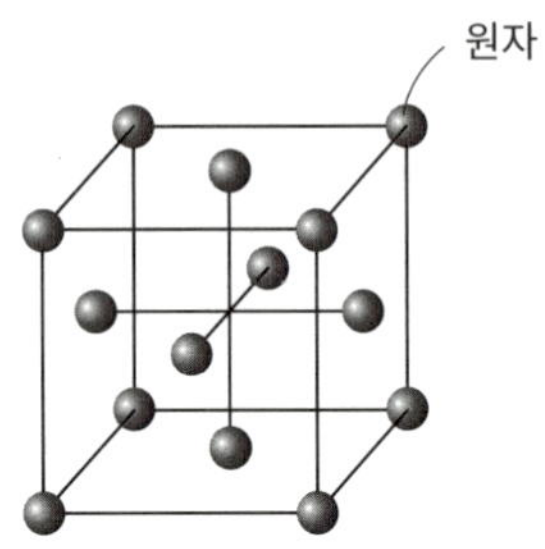

에 부딪혀 튕겨 나온다. 특정 각도로 부딪히면 잘 튕기는데 다른 각도로 부딪혔더니 튕겨 나온 전자가 보이지 않는다면, **결정 속의 수많은 니켈 원자에 부딪혀 튕겨 나온 전자 파동이 서로 겹쳐져 세기가 커진다**고 해석할 수 있다.

즉, ① 전자는 특정 파장을 가진 파동이다. 만약 ② 서로 다른 니켈 원자에 부딪혀 튕겨 나온 파동의 마루와 마루, 골과 골이 중첩되면 진폭이 커지고, 그 결과 전자가 다수 관측된다. 그리고 ③ 파동의 마루와 골이 중첩되었을 때 파동이 사라지고 전자가 관측되지 않는다고 가정하면 모두 맞아떨어진다(그림 7 '파동의 간섭' 참조).

이 가정이 1927년 데이비슨-저머 실험으로 완벽하게 입증되면서 **전자가 파동성을 가지고 있다**는 사실을 모두가 인정하게 되었다.

전자가 원자핵 주위에 존재하는 이유 : 보어의 원자 모형과 양자 조건

드 브로이가 전자의 파동성을 예측하기 전, 뉴질랜드 태생의 영국인 물리학자 어니스트 러더퍼드는 원자의 구조를 밝히는 데 성공했다. 그는 원자 크기의 10만분의 1밖에 안 될 만큼 매우 작지만 원자 질량을 대부분 차지하고 양전하를 띠는 원자핵이 중심에 있고, 음전하를 띠는 전자가 원자핵 주위를 도는 모형을 제시했다(그림 14).

그러나 러더퍼드의 모형에는 명확한 한계가 있었다. 전자와 같이 전하를 띤 입자가 가속도를 받으면 전자기파를 방출하여 에너지를 잃기 때문이다. 전자가 원자핵 주위를 돈다면 전자는 에너지를 잃고 순식간에 원자핵으로 떨어져야 했다.

1913년, 덴마크의 물리학자 닐스 보어는 원자를 구성하는 전자에 대해 다음과 같은 가설을 세웠다. 전자는 플랑크가 발견한 상수(플랑크 상수)에 의해 결정되는 특정 에너지값에 대응하는 동심원 형태의 궤도를 따라서만 돌 수 있으며, 가장 에너지가 낮은 궤도는 안정되어 있어 절대 원자핵으로 떨어지지 않는다는 내용이었다. 보어는 이 가설로 기존에 관측된 원자가 흡수·방출하는 빛의 파장을 설명할 수 있음을 입증했다.

러더퍼드의 원자 모형

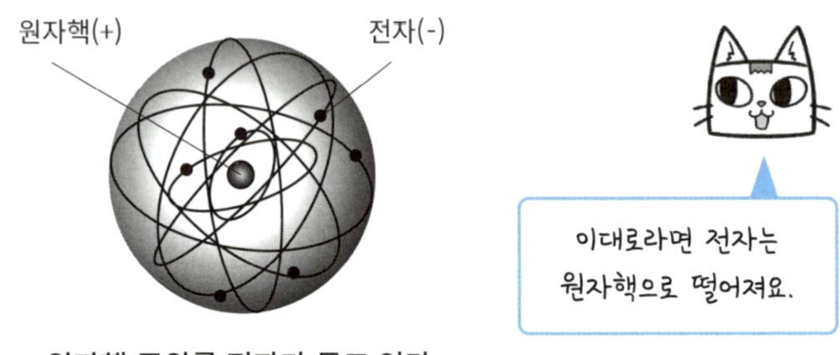

원자핵 주위를 전자가 돌고 있다.

보어의 원자 모형

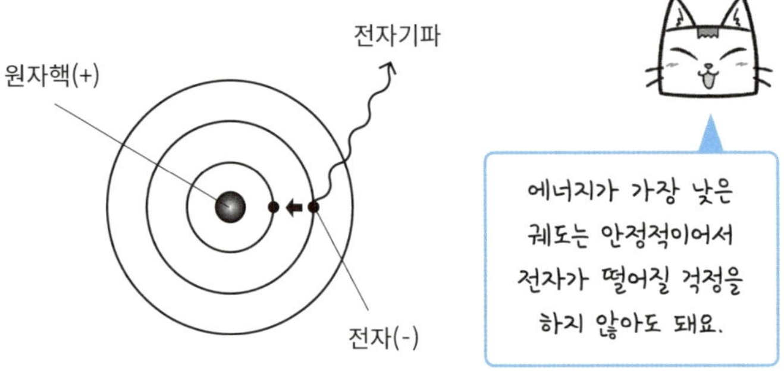

전자가 일정한 간격을 둔 동심원 궤도를 따라 원자핵 주위를 돌고 있다.

에너지 준위는 바깥쪽으로 갈수록 높다.

에너지가 높은 바깥쪽 궤도에서 에너지가 낮은 안쪽 궤도로 한 단계 이동할 때 전자는 전자기파를 방출한다.

전자가 특정 에너지값(에너지 준위)만을 가진다는 조건을 양자 조건이라고 한다.

보어는 양자 조건이 성립한다고 가정했을 때, 양자 조건을 만족하면 전자는 에너지가 높은 궤도부터 낮은 궤도까지 동심원 형태의 특정 에너지 상태가 된다고 생각했다. 그리고 이를 '정상 상태', 그중에서도 가장 원자핵과 가깝고 에너지가 낮은 상태를 '바닥 상태'라고 불렀다. 또한, 그는 원자핵에서 먼 궤도일수록 전자의 에너지가 크다고 생각했다.

나아가 원자핵 안의 전자가 전자기파를 방출하는 현상은 에너지가 높은 정상 상태에서 에너지가 낮은 바닥 상태로, 즉 에너지가 높은 궤도에서 낮은 궤도로 전자가 이동할 때만 가능하다고 생각했다.

 파동의 형태로 원자핵 주위를 도는 전자

전자를 파동으로 생각하면 보어의 가설을 직감적으로 이해할 수 있다. 전자가 파동이라면 원자 중심(원자핵) 주위를 한 바퀴 도는 동안 조금씩 멀어지게 된다. 그렇다면 중심에서 가장 멀리 떨어진 위치에서 한 바퀴 돌고 돌아왔을 때도 가장 멀리 떨어져 있어야만 궤도가 이어진다(그림 15).

그리고 궤도가 이어지는 경우는 전자 파장(가장 멀리 떨어진 위치

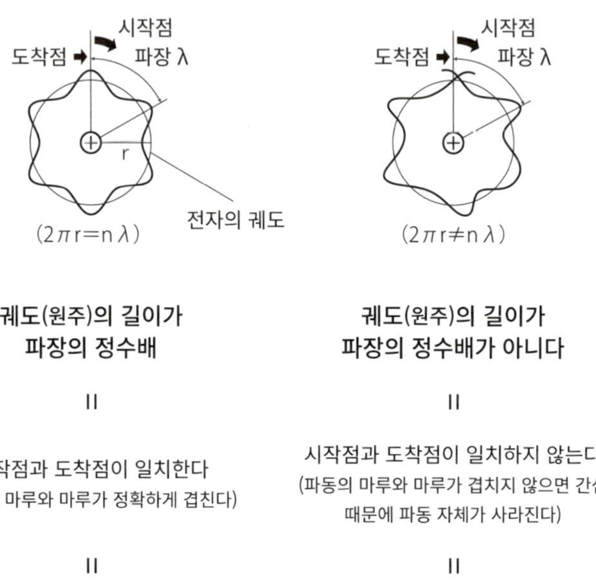

에서 두 번째로 멀리 떨어진 위치까지의 거리)의 정수배가 궤도의 원주 ($2\pi r$ = 궤도의 반지름 × 2 × 원주율)와 같아질 때($2\pi r = n\lambda$)뿐이다. 파장이 결정되면 에너지도 결정되므로, 두 값이 같으면 원자 안에서 전자의 에너지를 결정하는 조건(양자 조건)을 만족한다.

원자 내 전자의 에너지가 연속이 아니라 불연속이라는 점도 전자를 파동으로 생각하면 자연스럽게 설명된다. 궤도의 길이가 전자 파장의 정수배일 때 전자는 정상 상태에 있다고 하며, 전자는 이

때만 전자기파를 방출하지 않고 원자핵 주위에 존재할 수 있다.

 두 방정식 중 올바른 식은?: 하이젠베르크와 슈뢰딩거

이렇게 광자와 전자를 비롯한 미시 세계의 입자가 파동과 입자라는 서로 양립할 수 없는 성질을 지닌 존재임이 밝혀졌다. 그러나 파동과 입자의 관계나 파동의 정체에 관해서는 밝혀지지 않은 채 시간만 흘러갔다.

이는 1927년까지 계속되었다. 보어의 양자 조건을 발전시킨 독일의 물리학자 베르너 하이젠베르크(1925년), 그리고 드 브로이의 물질파 개념을 굳게 믿은 오스트리아의 물리학자 에르빈 슈뢰딩거(1926년)가 각각 양자에 관한 지배 방정식에 도달했다. 지배 방정식은 양자가 특정 시점을 기준으로 미래에 어떻게 행동할지 수학적으로 기술한 방정식이다.

두 사람의 방정식은 얼핏 보면 전혀 달라서 한때 혼란을 불러왔다. 하이젠베르크와 더불어 막스 보른, 파스쿠알 요르단이 전개한 식은 양자의 입자 운동을 나타낸 식이었다. 그러나 슈뢰딩거의 식은 양자를 파동 상태로 나타낸 식이었다(다만 이 파동은 수면의 높이처럼 실숫값의 변화를 나타낸 게 아니라 복소수 값의 변화를 나타낸 것이었다. 간단히 표현하고자 앞으로는 파동을 실수로 가정하고 설명한다).

하이젠베르크 방정식＝양자의 입자 운동을 나타낸 식

슈뢰딩거 방정식＝양자의 파동 상태를 나타낸 식

게다가 당시 익숙지 않았던 행렬이라는 수학적 도구를 사용한 하이젠베르크의 식과 달리, 슈뢰딩거의 식은 물리학자들이 모두 아는 열의 이동을 표현한 식과 같은 형태였다.

어떤 식을 사용하든 수소 원자 내 전자의 에너지는 올바르게 계산할 수 있었지만, 당시 물리학자들이 간편하다고 느낀 쪽은 슈뢰딩거의 식이었다.

슈뢰딩거가 두 방정식이 단순히 관점의 차이일 뿐 같은 식임을 보임으로써, 양자에 관한 지배 방정식은 슈뢰딩거 방정식으로 불리는 일이 많아졌다.

슈뢰딩거 방정식에 따른 양자의 파동 상태를 파동 함수라고 한다.

 관측한 순간에 양자의 파동이 수축한다고?: 슈뢰딩거의 주장

문제는 양자의 정체이다. 입자처럼 보이는 양자가 파동이라면 무엇의 파동일까?

가령 바다의 파동은 해수면의 상하 운동이고, 소리의 파동은 공기 밀도의 차이가 전달되는 현상이다. 즉 파동은 어떤 매질의 진동이 전달되는 현상인데, 양자의 파동은 무엇이 진동해야 일어날까? 슈뢰딩거 방정식은 원래 원자 내 전자의 운동을 기술하기 위해 만들어진 방정식이었기에, 슈뢰딩거도 파동 함수가 공간적으로 퍼져 있는 전자의 분포와 관계가 있으리라고 생각했다.

그러나 전자를 관측했을 때의 양상을 생각해 보면, 파동 함수가 전자 자체를 직접 나타낸다는 단순한 생각은 받아들이기 힘든 것이었다.

상자 안에 전자가 들어 있다고 가정해 보자. 상자의 크기는 상관없다. 상자를 관측하면 전자는 반드시 한 개의 입자로 내부 어딘가에서 발견될 것이다. 절대 쪼개진 파편으로 관측되지는 않는다. 따라서 전자가 실체를 갖춘 채 유체처럼 퍼져 있다면, 전자는 관측된 순간 퍼졌다가 한 점으로 모이게 된다. 이를 파동 함수의 붕괴라고 한다. 그러나 퍼져 있던 물질이 한순간에 한 점으로 모이면 그 운동은 무한하게 빨라지므로 광속을 넘을 수 없다는 상대성 이론과 모순된다.

 전자가 그 자리에서 발견될 확률을 나타낸 파동 함수 : 보른의 주장

그래서 독일의 이론물리학자 막스 보른은 파동 함수가 물리적인 실체가 아니라 전자가 어디에 있는지를 확률적으로 나타낸다고 생각했다. 상자 안의 전자를 다시 예시로 들면 상자 내 위치에 따라 파동 함수의 값이 결정되어 있고, 그 위치에 전자가 있을 확률은 파동 함수 절댓값의 제곱으로 나타난다. 이 확률은 시간에 따라 바뀌는데, 슈뢰딩거 방정식은 확률이 어떻게 바뀌는지 나타낸 식이다.

위 예에서 전자는 상자의 특정 위치에 있을 때 하나의 상태가 된다. 다른 위치에 있으면 또 다른 상태가 된다. 즉, 상자 안에 존재하는 전자의 상태는 무수히 많은데, 전자를 관측하기 전에는 그 모든 상태가 중첩되어 있다(그림 16).

1장에서도 설명했다시피 중첩이란 하나의 전자가 서로 다른 위치에 각각 존재한다는 뜻이 아니다. 전자는 그 위치에서 관측될 확률로 존재한다. 이를 파동 함수의 확률 해석이라고 한다.

파동 함수는 전자의 중첩을 나타낸 함수이며, 슈뢰딩거 방정식은 시간에 따른 중첩의 변화를 결정한다. 일반적으로 가장 확률이 높은 상태(전자가 발견될 확률이 가장 높은 위치)는 슈뢰딩거 방정식에 따라 바뀐다.

1장에서 비유로 들었던 양자 오셀로의 경우, 상태는 흰색과 검은색 두 가지밖에 없으므로 양자 오셀로의 파동 함수는 흰색과 검은색이라는 두 상태의 중첩(예: 흰색 80%, 검은색 20%)을 나타낸다. 양자 오셀로를 지배하는 슈뢰딩거 방정식은 흰색과 검은색의 확률이

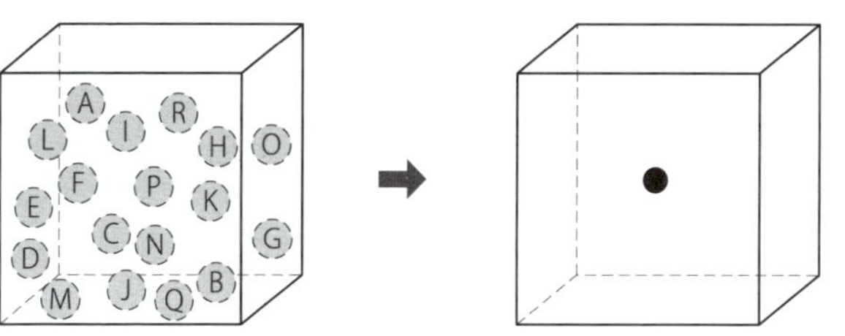

슈뢰딩거 방정식의 파동 함수로 전자의 위치에 대한 확률을 나타낸 이미지. 그래프의 진폭은 그 위치에서 전자가 발견될 확률을 나타낸 '수학적 파동'으로, 여러 상태가 중첩되어 있다. 발견될 확률은 E와 N에서 최대이며, 시간에 따라 위치가 바뀐다.

관측하면 파동 함수가 붕괴하면서 전자의 위치가 한 점으로 결정된다.

발견 확률

=

파동 함수 절댓값의 제곱

위 그래프를 3차원 공간으로 확장하면 관측하기 전에는 A~R뿐만 아니라 공간 전체에서 전자가 발견될 상태가 중첩되어 있다.

관측하면 한 군데에서 발견된다.

어떻게 바뀌는지를 결정하는 셈이다.

 실체가 없어 순식간에 붕괴해도 문제없는 파동 함수

이러한 파동 함수의 해석을 코펜하겐 해석이라고 한다. 코펜하겐에 연구소를 둔 보어를 중심으로 하이젠베르크를 비롯한 여러 물리학자가 토론을 거친 끝에 도달한 해석이기 때문이다.

코펜하겐 해석에 따르면 미시 세계(위 예에서는 전자)를 관측하는 장치와 관측자가 존재하는 상황에서 관측했을 때, 퍼져 있던 파동 함수는 순식간에 전자가 관측되는 하나의 점으로 수축(붕괴)한다. 파동 함수는 물리적인 실체를 나타내지 않으므로 순식간에 붕괴하더라도 상대성 이론과 모순되지 않는다.

슈뢰딩거는 파동 함수를 단순히 실체로 생각했던 기존의 가정을 포기하고, 파동 함수가 각각 확률이 정해진(관측하면 그 확률에 따라 나타나는) 여러 상태의 집합임을 마지못해 인정할 수밖에 없었다.

 정확한 원리를 몰라도 결과가 도출되는 코펜하겐 해석

'미시 세계와 거시 세계의 경계는 어디인가?', '파동 함수가 붕괴하는 현상은 관측 장치가 양자에 빛을 비췄을 때인가, 아니면 관측자가 상태를 인식했을 때인가?’ 등 코펜하겐 해석에는 해결해야 할 과제가 많다.

다만 이에 관한 대답이 무엇이든 슈뢰딩거 방정식을 풀어 파동 함수를 구하고, 절댓값의 제곱을 계산하면 실제로 측정되는 결괏값을 얻을 수 있다. 근본적인 원리는 불문에 부치고 ‘원래 그런 법’이라고 받아들이면 결과도 알 수 있고, 다양한 연구를 진행할 수도 있다. 한 물리학자는 “코펜하겐 해석은 한마디로 ‘일단 슈뢰딩거 방정식을 푸는 것’이다”라고 단언했다. 실제로 대학에서도 양자역학을 가르칠 때 ‘일단 계산하라’를 전제로 두고 있다.

3장

양자역학의 미스터리

미시 세계의 입자는 단순히 상식적인 실체가 아니라, 파동 함수로 표현되는 확률적인 존재이다. 그러나 물체는 관측 여부와 상관없이 존재한다는 것이 당시 물리학의 대전제였기에, 물리학자들은 대체로 이를 받아들이지 못했다.

양자역학의 문을 연 슈뢰딩거와 아인슈타인 역시 양자역학의 코펜하겐 해석에 불쾌함을 내비쳤다. 그러나 1장에서 소개한 아인슈타인, 포돌스키, 로젠의 EPR 역설처럼 양자역학에 대한 반론은 단순히 반론에서 그치지 않고 한 발짝 나아가, 미시 세계를 더욱 깊이 이해하는 계기가 되었다.

이번 장에서는 양자역학을 둘러싼 아인슈타인-보어 논쟁과 슈뢰딩거의 사고 실험을 통해 양자역학의 신비를 조명하고자 한다.

 쉽게 이해하는 이중 슬릿 실험

19세기 초 영국의 물리학자 토머스 영이 빛을 이중 슬릿에 통과시킨 실험(빛의 이중 슬릿 실험)은 고전적이지만 빛의 파동성을 증명한 결정적인 실험으로 유명하다. 뉴턴까지 빛의 입자설을 지지했던 만큼 당시에는 빛이 입자라는 주장이 유력했다.

의학을 배웠던 영은 의학적 관점에서 시각을 연구했고, 광학으로 연구 분야를 넓혔다. 파동설을 믿었던 영은 다음과 같은 실험을 고안하여 빛이 파동임을 입증했다.

단일 파장의 광원(특정 파장의 빛)과 스크린을 2개 준비하고, 앞쪽 스크린에 가늘고 긴 틈(슬릿)을 평행하게 2개 만들어 빛이 그 틈으로만 지나가도록 만든다. 그리고 빛이 그 뒤에 있는 스크린에 도달한 위치를 표시한다. 이때 광원과 각 슬릿 사이의 거리는 정확히 같다(그림 17).

빛이 입자라면 광원과 슬릿 사이를 잇는 선의 연장선을 따라 나아가므로 두 번째 스크린에는 연장선과 스크린이 만나 세로선 2개가 생길 것이다.

그러나 실제 실험에서는 두 번째 스크린에 나타난 줄무늬가 2개보다 훨씬 많았다. 이 무늬의 정체는 두 슬릿을 통과한 빛이 두 번째 스크린에 도달했을 때 서로 합쳐지거나 사라지면서 생긴 간섭무늬이다. 왜 이런 무늬가 생기게 되었을까?

🐱 빛의 간섭을 증명하는 간섭무늬

단일 파장의 파동은 진폭이 규칙적으로 커졌다가 작아졌다 하며 나아간다. 진폭이 가장 큰 부분(마루)과 가장 작은 부분(골)을 파동의 위상이라고 하는데(2장 그림 7 참조), 광원에서 두 슬릿까지의 거리가 같으므로 광원에서 나온 빛은 각 슬릿에 도달할 때 마루든 골이든 같은 위상이 된다.

슬릿을 통과한 빛은 두 번째 스크린으로 퍼져 나간다. 각 슬릿을

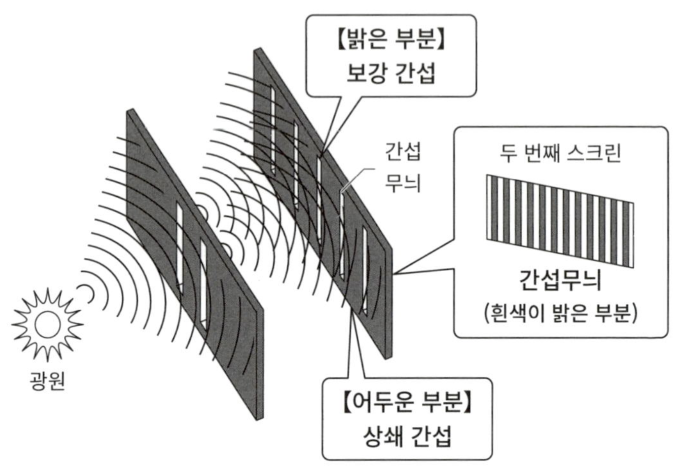

빛의 파동성을 입증한 것으로 유명한 영의 실험

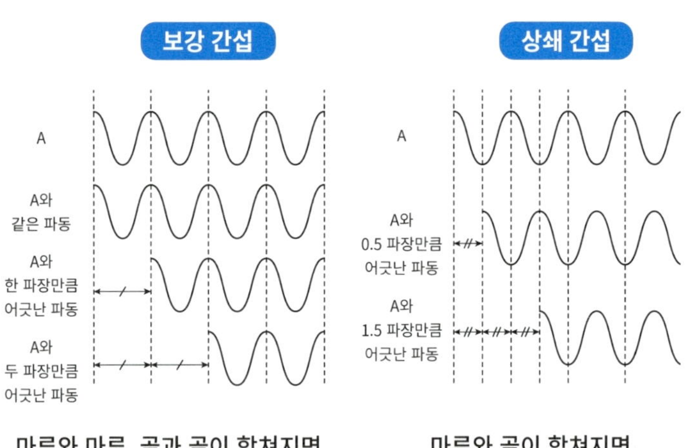

마루와 마루, 골과 골이 합쳐지면
(거리 차이가 파장의 정수배이면)
파동이 강해진다

마루와 골이 합쳐지면
(거리 차이가 파장의 반정수 배이면)
파동이 약해진다

통과한 빛은 두 번째 스크린의 다양한 위치에 도달한다. 이때 두 슬릿을 통과한 빛 중 두 번째 스크린의 같은 위치에서 만난 빛이 있다고 가정해 보자.

만약 두 빛의 위상이 모두 마루라면 둘이 합쳐져 더 높은 마루(강한 빛)가 되지만, 한쪽이 마루고 다른 한쪽이 골이라면 둘이 만나 상쇄되면서 두 번째 스크린에 빛이 도달하지 못한다. **빛이 합쳐져 강해지거나 약해지는 현상을 간섭이라고 하는데, 간섭이 일어나면 간섭무늬가 생긴다.**

간섭무늬가 생기는 위치를 아는 방법은 간단하다. 한 슬릿에서 나온 빛과 또 다른 슬릿에서 나온 빛이 이동한 거리를 보면 된다. 두 거리가 정확하게 같다면 서로 만났을 때 두 빛의 위상은 각각 마루와 마루, 골과 골이므로(위상이 겹치므로) 빛이 강해진다.

그 밖에도 빛이 강해지는 위치가 있다. 두 빛의 거리 차이가 딱 한 파장만큼 빗겨도 마루와 마루는 만난다. 차이가 파장의 2배여도 마찬가지이다. 즉, **두 빛이 이동한 거리의 차이가 빛 파장의 정수배일 때 빛이 강해진다.**

한편, 거리의 차이가 파장의 절반이라면 한쪽 빛의 위상이 마루일 때 다른 쪽 빛의 위상은 골이 되고, 두 빛이 겹치면 상쇄되어 사라진다. 차이가 파장의 1.5배이거나 2.5배여도 마찬가지이다. 1.5배나 2.5배처럼 0.5의 홀수 배를 반정수(半整數)라고 하는데, **두 빛이 이동한 거리의 차이가 반정수 배일 때 빛이 사라진다.**

간섭무늬가 나타나는 이유는 이 때문이다. 또한, 간섭무늬는 파장에서 나타나는 특징적인 현상이다.

 전자가 하나씩 떨어져 있어도 나타나는 간섭무늬

영의 실험은 빛(=광자)을 이용한 실험이었다. 1961년에는 전자를 이용하여 똑같은 실험을 진행했는데, 여기서도 마찬가지로 간섭무늬가 확인되었다.

1974년에는 전자, 즉 양자가 확률적인 존재임이 결정적으로 입증되었다. 이 역시 이중 슬릿 실험이었지만, 전자를 한꺼번에 발사하는 게 아니라 한 번에 한 개씩 발사하는 방식이었다.

발사 간격은 각 전자가 두 번째 스크린에 도착하는 시간 간격보다 길었다. 따라서 전자끼리 서로 영향을 미치는 일은 없었다. 그리고 실험 결과, 양자역학에 따른 예상대로 간섭무늬가 나타났다. 이는 '실험을 여러 번 반복하면 두 번째 스크린에 하나씩 도착한 전자들의 위치 분포가 간섭무늬처럼 나타난다'라는 사실을 보여 주는 결과였다. 실험을 한 번만 했을 때는 스크린에 점 하나가 표시될 뿐이다. 그리고 실험을 수십 번 하더라도 스크린에 표시된 전자의 도달점은 제각기 흩어져 있어 간섭무늬가 나타나지 않는다. 그러나 횟수를 늘리자 도달점의 분포가 간섭무늬를 그렸다.

양자역학에서 확률이란 이처럼 실험을 수없이 반복하면 파동 함수로 결정된 확률에 따라 현상이 나타난다는 의미이다. 관측하지 않을 때도 전자가 입자로 존재한다는 고전 물리학 이론으로는 이 실험 결과를 설명할 수 없다. 각 전자 사이에는 아무런 관계도 없기 때문이다. 아무런 관계가 없는 입자를 모아도 스크린에 유의미한 무늬는 나타나지 않는다.

앞서 언급한 전자의 도달점 분포는 '그 자리에서 전자가 발견될 확률의 분포'로 해석할 수 있다.

전자 하나의 파동 함수가 두 슬릿에서 둘로 나뉘어 서로 간섭하여 두 번째 스크린에 확률 분포로 간섭무늬를 만든 셈이다. 전자는 간섭무늬에 해당하는 위치에 나타난다. 단, 어디에 나타날지는 예측할 수 없다.

그러나 같은 실험을 몇 번 반복하든 스크린에 도달한 전자의 분포는 간섭무늬를 그린다. 이는 파동 함수가 전자의 존재 확률을 나타낸다는 사실을 보여 주는 뚜렷한 증거이다.

 아인슈타인-보어 논쟁 : 간섭무늬와 관측은 양립할 수 있는가?

그 유명한 아인슈타인-보어 논쟁에서 전자를 사용한 이중 슬릿 실험이 화제에 올랐다. 2장에서 소개했다시피, 보어는 플랑크 상수를 바탕으로 보어의 원자 모형을 확립한 물리학자이다. 전자를 사용한 이중 슬릿 실험보다 두 사람의 논쟁이 먼저였지만, 미시 세계에서는 모든 물질이 파동성을 가진다는 드 브로이의 물질파 개념을 인정한다면 당연히 간섭무늬도 나타날 것이라고 당시 물리학자들은 생각했다.

이중 슬릿 실험의 요점은 첫 번째 스크린의 슬릿 바로 뒤에 전자를 검출하는 장비를 설치해서 전자가 어느 쪽 슬릿을 통과하는지 확인하려 하면 간섭무늬가 나타나지 않는다는 점이다. 양자역학에 따르면 관측하기 전까지는 두 슬릿 중 한쪽을 통과할 가능성이 중첩되어 있지만, 어느 쪽 슬릿을 통과했는지 관측한 순간 파동 함수가 붕괴하여 가능성이 하나로 좁혀진다. 입자의 위치와 운동량의 불확실성을 동시에 없앨 수는 없다는 이 원리를 불확정성 원리라고 한다. 즉, 위치와 속도는 동시에 결정할 수 없다. 불확정성 원리는 양자역학의 기본 원리이다.

한편, 검출기를 설치하지 않아도 첫 번째 스크린의 운동을 보면 전자가 어느 쪽을 통과할지 알 수 있다고 생각한 아인슈타인은 각각의 전자가 반드시 어느 한쪽 슬릿을 통과한다고 주장했다. 그래서 그는 다음과 같은 사고 실험을 제시했다.

전자총에서 발사된 전자와 수직 방향으로 놓인 스크린에 중심을 기준으로 대칭이 되도록 슬릿을 만들었을 때, 슬릿을 통과한 전

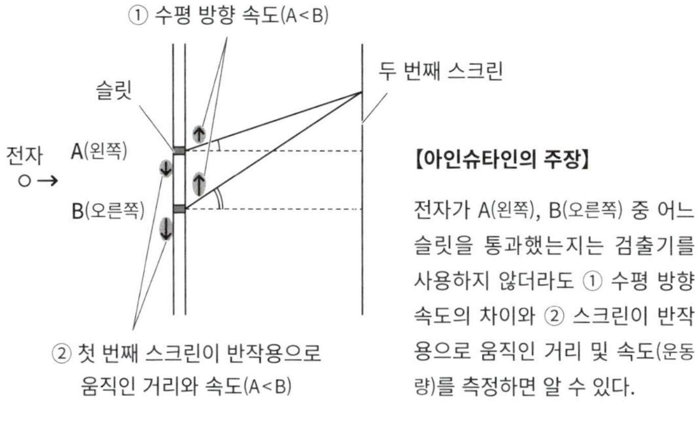

그러나 ②를 관측해서 전자의 움직임을 확인하면
두 번째 스크린에서 간섭무늬가 사라진다

불확정성 원리

입자의 위치와 운동량의 불확실성을
동시에 없앨 수는 없다

자가 모두 왼쪽으로 꺾였다고 가정해 보자. 모든 전자가 두 번째 스크린의 같은 위치에 도달한다면 왼쪽 슬릿을 통과한 전자보다 오른쪽 슬릿을 통과한 전자의 각도가 살짝 클 것이다(그림 18).

오른쪽 슬릿을 통과한 전자가 더 크게 왼쪽으로 꺾인다면, 그 전자는 왼쪽 슬릿을 통과한 전자보다 수평 방향 속도(여기서는 왼쪽)가 아주 약간 빠르다고 볼 수 있다.

따라서 속도를 비교하면 왼쪽 슬릿과 오른쪽 슬릿을 통과한 전자의 수평 방향 속도는 미묘하게 다른데, 이 차이를 알면 전자를 관측하지 않더라도 전자가 어느 쪽 슬릿을 통과했는지 알 수 있다. 그리고 슬릿이 있는 첫 번째 스크린의 운동을 분석하면 차이를 구할 수 있다고 아인슈타인은 생각했다.

슬릿을 통과한 이후 전자의 수평 방향 속도는 슬릿과의 충돌로 생기므로 슬릿은 당연히 그 반대 방향으로 운동한다. 작용 반작용의 법칙(작용이 있으면 반드시 크기는 같고 방향이 반대인 반작용이 생긴다) 때문이다.

그러므로 전자가 오른쪽 슬릿을 통과했을 때와 왼쪽 슬릿을 통과했을 때 첫 번째 스크린의 운동을 측정하면 전자가 통과한 슬릿을 알 수 있다(오른쪽 슬릿을 통과했을 때 스크린이 크게 움직인다). 아인슈타인의 지적은 타당했다.

반면에 보어는 실제로 스크린이 움직인 거리와 속도(정확히는 운동량)의 곱이 간섭무늬를 사라지게 만드는 조건임을 증명했다. 즉,

스크린의 운동을 관측해서 전자가 어느 쪽 슬릿을 통과했는지 확인하면 간섭무늬가 사라진다. 간섭무늬를 유지하면서 전자가 통과한 슬릿을 확인할 수는 없는 셈이다.

 미시 세계와 거시 세계의 경계는?

입자와 파동의 이중성을 갖춘 입자는 전자나 광자처럼 내부 구조가 없는 기본 입자뿐만이 아니다. 공간적으로 퍼져 있고 내부 구조가 있는 더 큰 입자 역시 양자의 성질을 보이는 것으로 밝혀졌다. 1999년, 오스트리아의 안톤 차일링거 교수 연구팀은 여러 개의 탄소 원자로 구성된 풀러렌 분자를 이용한 이중 슬릿 실험에서 간섭무늬를 확인하는 데 성공했다. 풀러렌 분자의 크기는 약 1nm(나노미터, 10억분의 1m)로, 수소 원자의 10배이다.

연구팀은 바이러스로도 이중 슬릿 실험을 진행했다. 바이러스의 크기는 0.1㎛(마이크로미터, 100만분의 1m)로, 삼나무 꽃가루의 수백분의 1, 황사의 수십분의 1 크기이다.

그 전까지 양자역학은 원자보다 작은 미시 규모의 세계에 적용되는 학문으로 여겨졌지만, 이제 풀러렌 분자처럼 커다란 분자도 인식하는 것으로 기준이 바뀌었다. 과연 미시 세계와 거시 세계의 경계는 어디일까?(그림 19)

모든 물질은 양자의 일종인 기본 입자로 이루어져 있다. 그런데

그림 19 미시 세계와 거시 세계의 경계는?

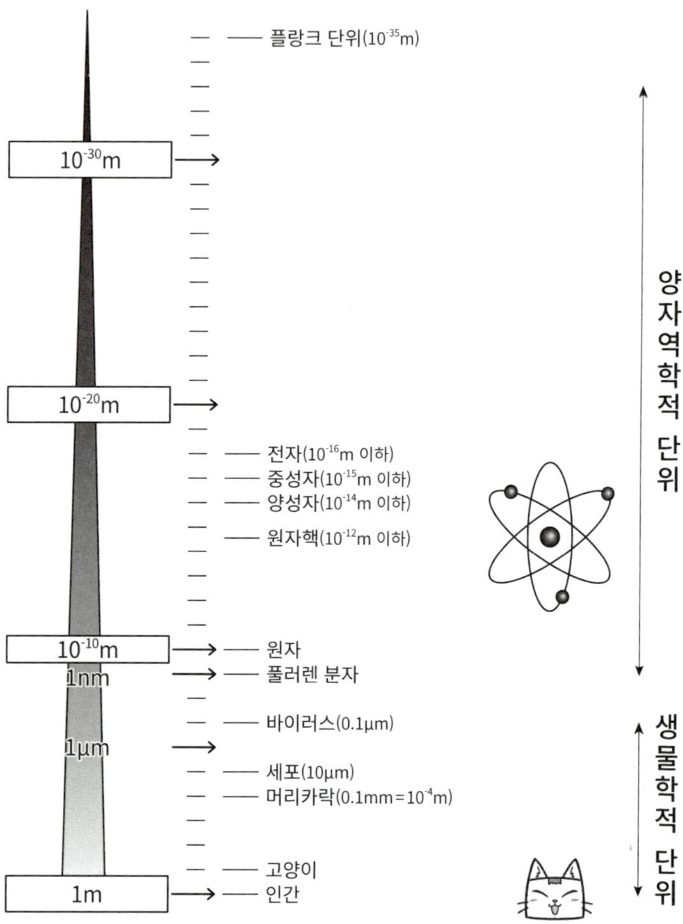

왜 우리가 사는 거시 세계에서는 양자의 파동성이 나타나지 않을까? 그 이유는 거시 세계의 물질이 무수히 많은 양자로 이루어져 있기 때문이다.

우리 몸은 물론, 그보다 더 작은 소금이나 설탕 역시 실제로는 어마어마하게 많은 원자와 분자로 이루어진 집단이다. 원자와 분자도 하나하나가 양자로 이루어져 있지만, 집단이 되면 양자의 파동성은 나타나지 않게 된다.

미시 세계와 거시 세계의 경계는 관측 기술이 발전하면서 점차 바뀌고 있다. 실제로는 무수히 많은 양자가 모인 집단에도 파동성은 조금이지만 남아 있다. 그렇게 남아 있는 파동의 영향을 검출할 수 있을지는 관측 대상에 영향을 주지 않고 얼마나 정밀하게 관측할 수 있는가에 달려 있다.

 EPR 역설 역시 주목받지 못하고……

보어와의 논쟁 이후로도 아인슈타인은 받아들이지 못했다. 그는 1장에서 설명한 양자 얽힘에 관한 EPR 역설의 '기분 나쁜 상호작용'을 언급하며 양자역학은 불완전하다고 주장했다. EPR 역설은 1935년에 아인슈타인, 포돌스키, 로젠이 제시한 사고 실험이다. 그리고 '기분 나쁜 상호작용'이란 양자 얽힘 관계에 있는 두 입자 중 한쪽을 관찰하면 그 영향이 다른 쪽에 광속보다 빠르게 전달되는 현상을 가리킨다.

그러나 EPR 역설은 당시 보어를 비롯한 신예 연구자들에게 거의 주목받지 못했다. 아인슈타인이 "관측 여부와 관계없이 물리적 대상의 성질은 정해져 있다"라는 국소 실재론을 고집한 나머지 양자역학의 확률 해석을 받아들이지 않고 비생산적인 토론만 계속하는 사람으로 비쳤기 때문이다.

하지만 1970년대 후반, 실험으로 '기분 나쁜 상호작용'이 실제로 확인되면서 EPR 역설도 다시 주목받게 되었다(8장 참조).

 사고 실험 '슈뢰딩거의 고양이': 삶과 죽음의 중첩 상태

슈뢰딩거 방정식을 도출하여 양자역학을 최전선에서 주도한 슈뢰딩거도 코펜하겐 해석을 받아들이지 못한 사람 중 한 명이었다. 아인슈타인이 논문을 투고하여 양자 얽힘에 관한 EPR 역설을 주장한 해에 슈뢰딩거는 이후 '슈뢰딩거의 고양이'로 불리는 사고 실험을 제시하여 양자역학에 대한 위화감을 표출했다. 그의 가상 실험은 친숙한 예시를 들어 코펜하겐 해석의 문제점을 지적한 것으로 유명해졌다.

슈뢰딩거는 창이 달려 있고 완전히 밀폐된 상자에 고양이 한 마리가 들어 있는 상황을 제시했다(그림 20). 상자 안에는 양자역학

【실험용 상자와 장치】

방사성 원소의 원자핵
이 베타 붕괴하면 독
가스가 방출되어 고양
이가 죽는다.

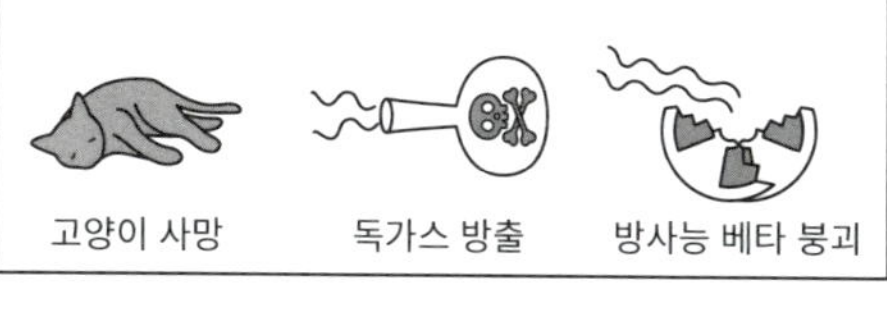

【상자를 열기 전】

원자핵은 확실히 중첩
되어 있다. 그렇다면
고양이의 생사도 중첩
되어 있을까?

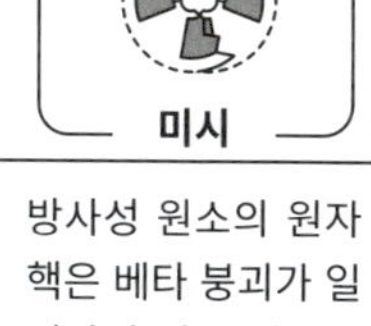

고양이도 살아 있는
상태와 죽은 상태가
중첩되어 있을까?

방사성 원소의 원자
핵은 베타 붕괴가 일
어나지 않은 상태와
일어난 상태가 중첩
되어 있다.

양자 결어긋남

원자핵에서 고양이까지 이르는
도중 중첩 상태가 붕괴한다.

상자를 열기 전에 이미
• 고양이가 살아 있다
• 고양이가 죽었다
둘 중 한쪽으로 확정된 상태이다.

에 따라 방사선을 내뿜는 방사성 원소와 함께, 방사선을 감지하면 독가스가 나오는 장치가 설치되어 있다.

방사성 원소로는 동위 원소를 사용한다. 동위 원소란 원자핵의 양성자 수는 같고 중성자 수가 다른 원자이다. 인(P)을 예로 들자면, 일반적인 인의 원자핵은 양성자 15개와 중성자 16개로 이루어져 있지만, 양성자 15개와 중성자 17개로 이루어진 인의 동위 원소 ^{32}P는 약 14일이 지나면 베타선(전자)을 방출하며 일반적인 인의 원자핵이 된다(베타 붕괴).

14일이라는 기간은 모든 인의 동위 원소 ^{32}P가 정확히 14일 후 일제히 붕괴하는 게 아니라, 14일 만에 붕괴하는 원소가 가장 많지만 그보다 일찍 붕괴할 수도 있고 늦게 붕괴할 수도 있다는 뜻이다. 하루 만에 붕괴하는 원소도 있고, 20일이 지나도 붕괴하지 않는 원소도 있는 셈이다. 인의 동위 원소 ^{32}P 1개는 붕괴하기 전까지 붕괴하지 않은 상태와 붕괴한 상태가 중첩되어 있다.

다시 사고 실험으로 돌아와서, 고양이를 상자 안에 넣고 일주일 뒤 창을 열어 고양이의 상태를 확인한다고 해 보자. 그 결과는 '살아 있거나 죽었거나 둘 중 하나'이다.

슈뢰딩거는 '창을 열기 직전의 고양이는 어떤 상태인가?'라는 질문을 던졌다.

코펜하겐 해석을 그대로 받아들이면 고양이는 살아 있는 상태와 죽은 상태가 중첩된 상태라는 말이 된다. 하지만 당연히 그럴 수는 없다. 창을 열었을 때 살아 있으면 그 전에도 고양이는 살아 있었다고 봐야 한다.

【창을 열기 전】　고양이는 살아 있는 상태와 죽은 상태가

　　　　　　　　중첩되어 있다 → 타당하지 않다

【창을 연 순간】　살아 있는 상태와 죽은 상태 중 한쪽으로 확정된다

그러나 방사성 원소에 초점을 맞췄을 때, 창을 열고 베타 붕괴가 일어났다 해도 창을 열기 전부터 베타 붕괴가 일어났다고는 볼 수 없다. 창을 열기 전까지 방사성 원소는 붕괴한 상태와 붕괴하지 않은 상태가 중첩되어 있기 때문이다. 창을 열었을 때 원소가 붕괴했다면, 관측함으로써 그 상태가 확정되었을 뿐이다.

【창을 열기 전】　방사성 원소는 베타 붕괴가 일어나지 않은 상태와

　　　　　　　　일어난 상태가 중첩되어 있다 → 타당하다

【창을 연 순간】　방사성 원소는 베타 붕괴가 일어나지 않은 상태

　　　　　　　　또는 베타 붕괴가 일어난 상태로 확정된다

 ## 중첩 상태가 붕괴하는 양자 결어긋남의 원리는 여전히 수수께끼

방사성 원소의 중첩 상태와 고양이의 상태가 확정된 결과 사이에는 어떤 연결고리가 있을까?

사실 코펜하겐 해석에서는 아무래도 좋은 질문이다. 극단적으로 말하자면 관측했을 때의 상태는 확률적으로밖에 예측할 수 없으며, 파동 함수와 모순되지 않는다면 관측하기 전의 상태는 중요하지 않기 때문이다. '일단 계산부터' 하는 게 중요하다.

그런데 여기서 끝내면 얼버무리는 것 같지 않은가. 조금 더 물리학적으로 접근하자면, 중첩 상태는 매우 취약하며 외부에서 아주 조금만 영향을 받아도 바로 붕괴하면서 상태가 확정된다. 이처럼 중첩 상태가 붕괴하는 현상을 양자 결어긋남이라고 한다. 양자 얽힘 역시 중첩의 일종이므로, 양자 얽힘이 붕괴하는 현상도 양자 결어긋남이다.

방사성 원소에서 고양이에 이르기까지의 과정에는 독가스 발생 장치처럼 수많은 입자로 구성된 장치가 끼어 있다. 도중에 양자 결어긋남이 일어나면 중첩 상태가 붕괴하고 상태가 확정된다. 그러나 그 지점을 구체적으로 계산하기란 극히 간단한 경우를 제외하면 불가능하다.

양자 결어긋남의 메커니즘은 오늘날에도 완전히 밝혀지지 않았다.

4장

양자역학, 증명 완료!

코펜하겐 해석을 믿을지 말지는 둘째 치고, 관측하기 전까지는 확률적으로로만 존재하는 양자는 아인슈타인과 슈뢰딩거가 아니어도 직관적으로 이해하기 힘든, 그야말로 수수께끼의 존재이다.

 아직 발견되지 않은 '숨은 변수'가 있는 게 아닐까?

확률이란 보통 모든 정보를 얻을 수 없을 때 사용한다. 상자를 두 구역으로 나누고 한쪽에만 동전을 넣었다고 해 보자. 이때 선택한 구역에 동전이 있을 확률은 50%이다.

양자의 확률도 똑같지 않을까? 양자가 너무나도 작은 탓에 원래 정해졌어야 할 조건이 숨어 있고, 그 때문에 존재를 확률로 나타낼 수밖에 없는 건 아닐까?

이처럼 양자 세계의 본질상 확률은 존재하지 않지만, 단순히 우리가 아는 정보가 적어 확률로 나타낼 수밖에 없다는 이론을 '숨은 변수 이론'이라고 한다. 양자역학이 불완전하다는 아인슈타인과 슈뢰딩거의 주장은 숨은 변수가 아직 발견되지 않았다는 의미를 내포하고 있다.

그러나 1970년대에 진행된 실험으로 숨은 변수의 존재는 완전히 부정되었다. 이 실험을 주도한 세 연구팀의 리더 존 클라우저(미국의 이론물리학자), 안톤 차일링거(오스트리아의 양자물리학자), 알랭 아스페(프랑스의 물리학자)는 2022년 노벨 물리학상을 받았다.

이 실험의 바탕에는 북아일랜드 출신의 영국인 물리학자 존 스튜어트 벨이 제안한 부등식(벨 부등식)이 있었다.

코펜하겐 해석을 내켜 하지 않고, 숨은 변수 이론에 따른 해석을 지지했던 벨은 어떤 해석이 옳은지 실험으로 확인하기로 했다. 1967년, 그는 양자 얽힘 관계인 두 양자를 사용한 실험으로 숨은 변수 이론이 옳다면 측정 결과가 (오늘날 벨 부등식으로 불리는) 어떤 부등식을 만족한다는 사실을 입증했다.

여기서는 더 간단하고 실험에 적합한 형태로 바꾼 부등식을 이용한 사고 실험을 소개하려 한다. 등장하는 수식은 덧셈과 뺄셈 정도이지만, 눈에 잘 들어오지 않는다면 적당히 넘겨도 좋다. 아래 예시로 양자역학이 얼마나 우리의 상식과 떨어져 있는지 한번 생각해 보자.

 덧셈과 뺄셈으로 이해하는 벨 부등식: CHSH 부등식

양자 얽힘 관계인 두 광자를 발생시키는 장치를 정중앙에 두고, 각 광자를 좌우 반대 방향으로 날린다. 그리고 거리가 충분히 멀어지면 광자를 관측한다.

이때 관측하는 대상은 광자의 편광이다. 광자의 편광 또는 스핀은 전자기파의 진동이 한쪽으로 치우친 빛을 가리킨다. 여기서는 진행 방향에 수직인 면 내부의 방향으로 보면 된다.

광자 하나는 +와 같이 서로 수직으로 만나는 두 편광을 가지고 있으므로, 이다.

광자의 편광 상태를 분리하는 장치로 편광을 측정할 수 있다. 빛이 일종의 결정을 통과하면 그 결정에 고유한 방향과 그 수직 방향의 편광으로 분리된다. 측정 장치는 이 성질을 이용한다. 측정 결과, 광자는 한 가지 편광 방향을 지닌 상태로 확정된다. 그리고 빛의 입사각이 정해져 있을 때 결정을 회전하면 임의의 방향과 그 수직 방향의 편광 상태로 분리할 수 있다.

이렇게 만든 측정 장치로 왼쪽 광자를 관측하는 측정 A, B를 생각해 보자. 측정 A와 측정 B는 빛의 입사광을 기준으로 한 결정의 회전각이 다르다. 마찬가지로 오른쪽 광자에서도 측정 C, D를 시행한다. 측정 C와 D 역시 결정의 회전각 차이이다.

따라서 편광 방향이 서로 다른 네 가지 측정을 시행할 수 있다. 단, 측정 A와 B, C와 D는 동시에 시행할 수 없으므로 가능한 조합은 A와 C, A와 D, B와 C, B와 D라는 네 조합 중 하나뿐이다(그림 21).

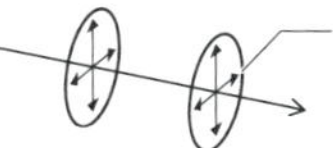

광자의 편광 · 진행 방향에 수직인 면 내부의 방향
· 편광은 평행 방향과 수직 방향이 중첩된 상태

① 양자 얽힘 관계인 두 광자를 좌우로 보낸 다음 관측을 시행한다.

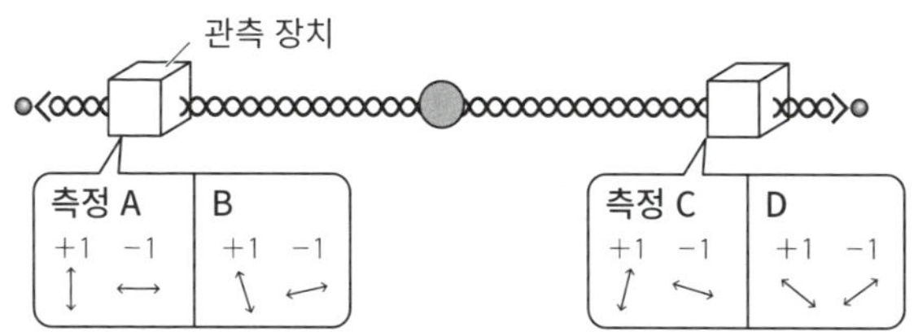

② 측정 A와 C 조합의 평균을 구한다.

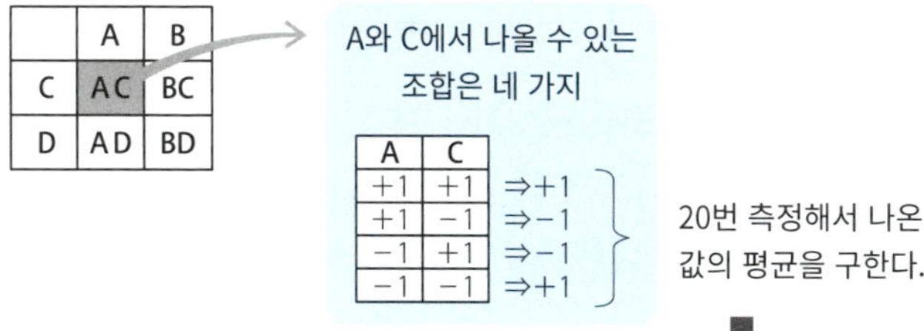

$$\left(\begin{array}{l} \text{· 절반이 같은 값, 절반이 다른 값일 때의 평균} \quad AC = \dfrac{1\times10+(-1)\times10}{20} = 0 \\[2mm] \text{· 모두 같은 값일 때의 평균} \quad AC = \dfrac{1\times20}{20} = 1 \\[2mm] \text{· 모두 다른 값일 때의 평균} \quad AC = \dfrac{(-1)\times20}{20} = -1 \end{array} \right)$$

③ AD, BC, BD도 똑같이 평균을 구한다.

④ AC, AD, BC, BD 네 가지 조합의 평균값을 다음 식에 대입하여 계산한다.
   S = AC + AD + BC − BD

⑤ S 값은 -2 ≤ S ≤ 2이다.

벨 부등식(CHSH 부등식)

네 가지 측정에서 임의로 정한 방향의 편광을 +1, 이와 수직 방향의 편광을 -1로 설정한다. 측정 A와 C를 택하면 AC에서 나올 수 있는 값의 조합은 (1, 1), (1, -1), (-1, 1), (-1, -1) 등 네 가지이다. 다음 측정에서 B와 D를 택하면 BD에서도 마찬가지로 네 가지 값의 조합이 나올 수 있다.

이런 식으로 측정할 때마다 쌍을 만들고, 다음과 같이 결과의 평균을 구한다.

만약 측정 A와 C가 (1, 1) 또는 (-1, -1)처럼 같은 값의 쌍이 나오면 +1, (1, -1) 또는 (-1, 1)처럼 다른 값의 쌍이 나오면 -1이라고 한다. 그리고 그렇게 나온 값의 평균을 구한다.

예를 들어 측정을 20번 시행했을 때 같은 값의 쌍이 10번, 다른 값의 쌍이 10번 나왔다면 평균은 다음과 같다.

$$AC = \frac{1\times10+(-1)\times10}{20} = 0$$

그리고 20번 모두 같은 값의 쌍이 나왔다면 평균은 다음과 같이 1이 된다.

$$AC = \frac{1\times20}{20} = 1$$

모두 다른 값의 쌍이 나와 -1이 되었을 때도 똑같이 계산하면 된다.

즉, AC에서 나올 수 있는 값의 범위는 -1부터 +1이며, 측정 A와 C에서 같은 값이 나오는 횟수가 많을수록 1에 가까워진다. 다른 조합에서도 똑같은 방법으로 구한 평균값을 각각 AD, BC, BD라고 한다.

그리고 다음과 같이 네 가지 조합의 계산을 S로 정의한다.

$$S = AC + AD + BC - BD$$

위 수식의 항은 모두 -1부터 +1까지의 값이 나올 수 있으므로 S 값의 범위는 -2부터 +2까지이다.

$$-2 \leq S \leq 2$$

"AC, AD, BC에 1을 대입하고, BD에 -1을 대입하면 S 값은 4가 되지 않나?"라고 이의를 제기할 수도 있겠지만, AC, AD, BC 세 항의 값이 모두 같다면 BD 값도 같다. 다시 말해 AC=1, AD=1, BC=1이라면 BD 역시 1이므로 S 값이 4가 되는 경우는 없다.

이것이 벨 부등식의 형태 중 하나인데, 실험을 고안한 인물들의 이름 앞 글자를 따 CHSH 부등식이라고 부른다.

 ## 벨 부등식의 위배를 증명한 아스페의 실험

벨 부등식의 성립 여부는 수많은 연구자의 이목을 집중시켰다. 그러나 실험을 진행하려면 붕괴하기 쉬운 양자 얽힘 상태 관계의 두 광자를 실제로 만들고, 상태를 유지하면서 멀리 떨어뜨려야 하며, 떨어진 위치에서 거의 동시에 편광을 측정하는 기술을 확립해야 하는 등 여러 난관을 극복해야 했다.

그리고 마침내 1972년, 미국의 물리학자 존 클라우저와 스튜어트 제이 프리드먼이 실험을 통해 **벨 부등식이 성립하지 않음**을 최초로 입증했다. 참고로 CHSH 부등식의 C는 클라우저(Clauser)에서 따왔다.

그러나 이 실험에서는 그림 21에서 설명한 실험과 달리 좌우로 멀어진 광자를 각각 한 번씩 측정했다. 이로써 아인슈타인의 말을 빌리자면 양자 얽힘 상태의 '기분 나쁜 상호작용'이 사실로 밝혀졌지만, 벨 부등식을 완전히 논파했다고 해도 될지 의문의 여지가 남아 있었다.

이 의문을 없애기 위해 알랭 아스페는 1982년에 그림 21과 같은 형태의 벨 부등식 검증 실험으로 **S 값이 2를 초과할 수 있음을 증명했다.** 그리고 **벨 부등식이 논파되면서 양자역학의 타당성은 더욱 확고해졌다.**

그러나 실험물리학자들은 아스페의 실험에 의문을 제기했다. 그림 21에서 설명한 측정 A와 B, 측정 C와 D의 거리가 비교적 가까워 어떠한 원인으로 두 측정이 서로 영향을 주고받을 가능성을 무시할 수 없다는 것이었다.

그래서 1998년, 안톤 차일링거는 서로 다른 은하의 광자를 좌우에 배치하고 측정 A와 B를 임의로 선택함으로써 두 측정이 서로 영향을 미치지 않도록 고안한 실험을 시행했고, 그 결과 벨 부등식은 완전히 파훼되었다.

차일링거는 1997년에 양자 텔레포테이션에 성공한 인물로도 유명하다. 2012년에는 140km 이상 떨어진 두 섬 사이의 양자 텔레포테이션에 성공했다.

 부등식에 숨어 있던 암묵적 전제

어떻게 S 값이 2를 초과했을까? 근본적인 원인은 관측하지 않을 때 물리량이 확정값을 가지지 않기 때문이다. 이것이 어떤 의미인지 알아보자.

S는 다음과 같이 나타낼 수 있다.

예를 들어 A와 B가 같은 방향으로 날아간 광자의 측정 결과라고 해 보자. 측정 A와 B의 편광 방향이 같다면 둘 다 +1, 서로 수직 방향이라면 둘 다 −1이 된다.

$$S = (A+B)C + (A-B)D$$

측정 A와 B의 결과가 둘 다 +1 또는 -1로 같다면 식 우변의 두 번째 항은 0이 되고, 첫 번째 항의 (A+B)는 +2 또는 -2가 된다. 그리고 측정 A와 B의 결과가 다르면 첫 번째 항은 0, 두 번째 항의 (A-B)는 +2 또는 -2가 된다.

C와 D 값은 +1 또는 -1이므로 S는 무조건 ±2가 된다. 그러므로 측정값이 어떻든 벨 부등식은 성립해야 했다.

그러나 실험의 결괏값은 +2 이상 또는 -2 이하였다.

왜 이런 결과가 나왔을까? 이는 A와 B 값을 동시에 결정하는 오류를 범했기 때문이다. 'A와 B는 동시에 측정할 수 없다'라는 전제를 기억하는가?

측정 A와 B의 결과가 같다면 1+1=2 또는 -1-1=-2가 되는데, 이는 측정 A를 시행할 때 측정 B를 시행하지 않았는데도 B가 A와 같은 값이라는 암묵적인 가정이 들어간 계산이다. 즉, 관측하지 않아도 양자가 어떤 값을 가지고 있다는 국소 실재론을 수용한 셈이다. 벨 부등식이 성립한 이유는 이 국소 실재론을 암묵적으로 전제했기 때문이었다. 국소 실재론은 2장과 3장에서도 언급했다시피 슈뢰딩거와 아인슈타인마저 걸려든 함정이다.

양자역학에 따르면 측정하지 않을 때 물리량은 확정된 값을 가지지 않는다. 벨 부등식의 파훼가 이를 증명한다.

양자역학의 예측과 양자의 존재 방식이 아무리 이상하고 상식과 떨어

져 있더라도, 우리는 이를 받아들여야 한다.

5장

핵융합 스캔들과 초전도 열풍: 양자의 빛과 어둠

형체가 있든 없든 우리는 실생활에서 양자역학의 산물을 누리고 있다. 현대 사회의 거의 모든 영역이 컴퓨터에 의해 제어되고 있는데, 대체 컴퓨터란 무엇일까? 일반적으로는 전자 회로를 이용하여 데이터의 축적·검색·가공 및 연산 등을 고속으로 처리하는 전자계산기를 가리킨다.

컴퓨터의 연산 회로는 반도체 소자로 되어 있다. 그 밖에도 반도체는 고화질 텔레비전, 전자레인지, 에어컨, LED 조명, 통신 기반 시설 등 셀 수 없을 만큼 많은 분야에 널리 쓰인다.

반도체는 특정 조건에서만 전기가 통하는 물질인데, 그 원리를 밝힌 주역은 바로 양자역학이다. 다양한 반도체가 개발되고 성능이 향상될 수 있었던 이유는 모두 양자역학 지식 덕분이었으니, 그야말로 양자역학이 없으면 현대 사회는 성립되지 않는다고 해도 과언이 아니다.

이번 장부터는 양자역학과 현대 사회의 주요 화두인 핵융합, 초전도체, 그리고 양자 컴퓨터를 소개한다. 우선 양자역학과 깊게 관련되어 있고 인류의 존속에 큰 영향을 미치는 한편, 연구란 무엇인지 고찰하게 하는 주제인 핵융합과 초전도체부터 알아보자.

 양자역학으로 이해하는 핵분열과 핵융합

2011년 3월 11일에 발생한 일본 후쿠시마 원자력 발전소 사고를 계기로 인류는 원자력을 다루는 것이 얼마나 어렵고 위험한지 통감했다.

현재 원자력 발전은 핵분열로 만든 에너지를 이용하는데, 이는 필연적으로 유전자가 손상될 위험성이 있는 방사성 원소가 발생하는 방식이다. 게다가 원자력 발전의 연료인 우라늄과 플루토늄 같은 원소는 자연계에 극미량밖에 존재하지 않으므로 언젠가 고갈되고 만다.

그래서 과학자들은 1940년대부터 이러한 문제를 해결하기 위해 핵융합 반응을 이용한 발전을 연구해 왔고, 2050년대에 실용화하는 것을 목표로 연구를 계속하고 있다.

핵분열 : 원자핵 한 개가 거의 같은 크기의 원자핵 두 개(핵분열 파편)로 분열하는 현상

핵융합 : 가벼운 원자핵 두 개가 합쳐져 무거운 원자핵을 만드는 반응

핵분열과 핵융합은 모두 반응 과정에서 외부로 엄청난 에너지를 방출한다. 그리고 두 반응의 메커니즘은 물질의 양자역학적 구조가 규명되면서 비로소 밝혀졌다. 특히 핵융합은 항성의 에너지원을 밝혀 천문학을 크게 발전시킨 주역이기도 했다.

이제 태양이 어떻게 막대한 에너지를 발생시키는지, 그리고 핵융합의 원리와 실현 조건은 무엇인지 알아보자.

 ## 태양은 무엇을 '태워서' 에너지를 만들까?

태양 표면에서는 초당 약 4.3×10^{26} J(줄)이라는 엄청난 에너지가 우주 공간으로 방출된다. 이는 1초 동안 달 질량의 10배나 되는 석유를 태웠을 때 나오는 에너지와 비슷하다. J(줄)은 에너지의 단위로, 석유 1L를 태우면 약 3,700만 J의 에너지가 방출된다.

태양의 질량은 달의 약 26억 배이므로, 만약 태양이 석유로 이루어져 있었다면 고작 수천 년 만에 불타 사라졌을 것이다.

그러나 실제 태양의 나이는 약 47억 년으로 추정되므로 석유를 태우는 화학 반응으로는 태양이 방출하는 에너지를 계속 만들어 낼 수 없다. 애초에 물질이 '타는' 화학 반응은 공기 중의 산소가 물질에 결합하여 일어나므로 산소가 필요한데, 우주 공간에는 산소가 없으므로 태양에서 일어나는 반응은 애초에 화학 반응이 아니다.

20세기에 새롭게 등장한 상대성 이론과 양자역학은 이 문제에 명확한 해답을 제시했다. 1938년에 발표된 수소 핵융합 반응의 정지 에너지 해방에 관한 메커니즘이 그것이다. 간단히 말해 태양 에너지는 내부에서 무언가를 태우는 화학 반응이 아니라 원자핵이 합쳐지는 핵융합 반응으로 만들어진다는 내용이다.

미국의 물리학자 한스 베테와 독일의 물리학자 카를 프리드리히

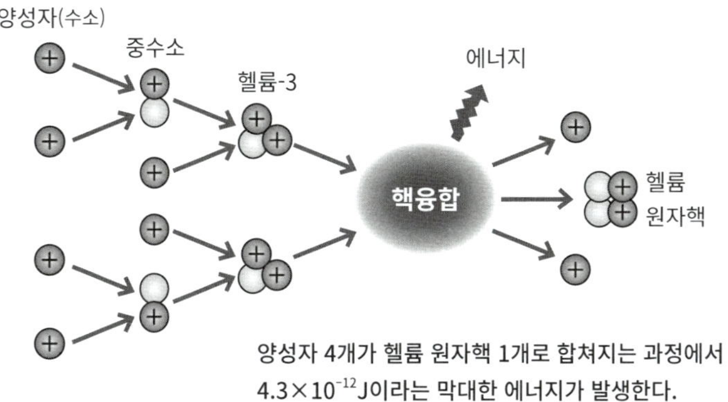

양성자 4개가 헬륨 원자핵 1개로 합쳐지는 과정에서
4.3×10^{-12} J이라는 막대한 에너지가 발생한다.

폰 바이츠제커는 항성 중심부에서 수소의 원자핵인 양성자끼리 융합하여 헬륨의 원자핵을 만드는 구체적인 메커니즘을 규명했다. 핵융합으로 만들어지는 에너지는 다음과 같이 계산할 수 있다. **양성자 4개가 헬륨 원자핵 하나로 합쳐지면서** 4.8×10^{-26} g의 질량이 사라지고 **4.3×10^{-12} J의 에너지가 해방된다**(그림 22). 수소 1g이 핵융합하면 6.5×10^{11} J의 에너지가 방출된다는 뜻이다.

즉, 태양에서 에너지가 계속 방출되려면 초당 400만 t의 수소를 헬륨으로 바꿔야 하는 셈이다.

실제로 탄생 직후 태양의 광도는 지금의 약 70%였지만, 만약 태양이 탄생한 직후부터 지금까지 똑같이 빛나고 있었다면 그동안 방출된 에너지의 총량은 무려 5.7×10^{43} J이다.

그러나 이렇게 방대한 에너지를 만들어 내도 헬륨으로 바뀐 수소는 현재 태양 질량의 4%에 불과하니, 핵융합이 얼마나 막대한 에너지를 효율적으로 만드는 방법인지 알 수 있다.

 태양의 핵융합이 가능한 이유는 터널링 효과 때문

사실 위 설명은 지나치게 단순해서 양자역학과의 관련성을 명확하게 알 수 없다. 양자역학과 태양의 핵융합 사이의 관계를 이해하려면 태양의 중심 온도가 겨우 1,500만 ℃라는 점을 생각해야 한다.

수소의 원자핵인 양성자는 물론 양전하를 띠고 있다. 자석의 N극과 N극, S극과 S극끼리 반발하는 것처럼 전자도 같은 전하 사이에 강한 반발력이 작용한다. 이를 극복하고 양성자끼리 융합하려면 돌아다니는 양성자에 엄청난 속도로 힘을 가해 충돌시켜야 한다.

힘을 가하려면 주위 환경을 고온으로 만들어야 하는데, 약 1,500만 ℃로는 부족하다. 양성자 사이에 높은 벽이 존재하기 때문이다. 이 벽을 쿨롱 장벽이라고 한다.

태양을 비롯한 항성의 에너지원이 핵융합 반응이라는 주장이 1920년대에 이미 등장했지만, 쿨롱 장벽 때문에 별 내부에서는

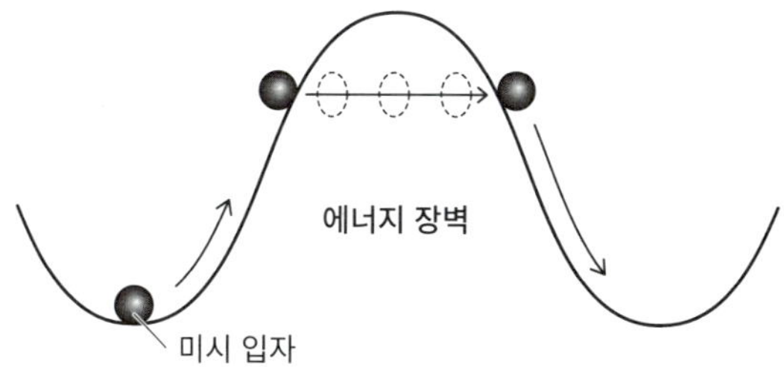

그림 23 터널링 효과

높은 에너지 장벽을 그보다 작은 에너지를 가진 입자가 터널을
통과하듯이 빠져나가는, 양자역학의 특징적인 현상

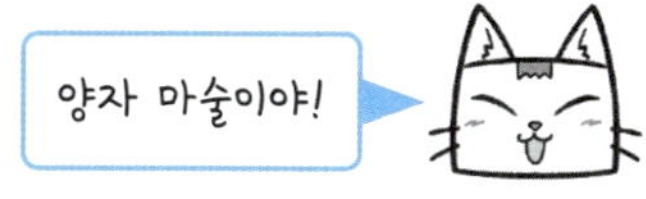

핵융합이 일어나지 않으리라고 당시 연구자들은 생각했다.

그러나 양자역학에 따르면 양성자는 극미한 확률로나마 이 높은 벽을 통과할 수 있다. 이를 터널링 효과라고 한다(그림 23).

터널링 효과란 큰 에너지를 가진 쿨롱 장벽을 그보다 에너지가 작은 입자가 터널을 통과하듯이 빠져나가는 현상으로, 양자역학의 세계에서만 특징적으로 나타난다.

터널링 효과 덕에 태양처럼 '온도가 낮은' 환경에서도 핵융합 반응이 일어날 수 있다.

그러나 터널링 효과가 일어날 확률은 매우 낮은데, 태양 같은 저온 환경에서 양성자 1개가 핵융합 반응을 일으킬 확률은 약 50억 년에 한 번밖에 되지 않는다.

이쯤에서 1장에서 이야기한 확률에 대한 설명을 떠올려 보자. 확률이란 어떠한 현상이 일어날 가능성이며, 관측 횟수가 많을수록 확률은 높아진다.

그리고 태양 중심에는 10^{56}개라는 엄청난 수의 양성자가 존재한다. 50억 년에 한 번 일어난다는 핵융합 반응이 매초 10^{30}번가량 일어나는 이유는 이 때문이다.

만약 미시 세계의 법칙이 양자역학이 아니라 고전역학을 따랐더라면 별은 지금처럼 빛나지 않았을지도 모른다.

 꿈의 에너지, 핵융합로

핵융합로는 태양에서 일어나는 핵융합 반응을 지상에서 일으켜 에너지를 얻는 장치이다.

핵융합로에서 만들어진 에너지는 현재 원자력 발전소에서 이용하는 핵분열과 달리 청정에너지로 여겨진다. 원자로와 달리 연쇄 반응이 일어나지 않으므로 핵반응이 폭주할 일도 없고, 위험한 방사성 물질도 만들어지지 않기 때문이다.

원자로에서는 다음과 같이 핵분열이 연쇄적으로 일어난다.

1. 연료로 쓰이는 우라늄의 원자핵에 중성자가 부딪혀 핵이 둘로 분열한다.

↓

2. 방대한 열에너지와 중성자가 발생한다(이 에너지를 전력으로 이용한다).

↓

3. 중성자 2개가 다른 우라늄의 원자핵에 부딪혀 핵분열을 일으킨다.

↓

4. 발생한 중성자가 또 다른 우라늄의 원자핵에 부딪혀 핵분열을 일으킨다.

이처럼 핵분열 연쇄 반응이 일어나는 상태를 임계 상태라고 한다. 원자로에서는 이 연쇄 반응이 일정 비율로 계속 일어나도록 제어되지만, 제어가 제대로 되지 않으면 핵반응이 폭주할 위험성이 있다. 게다가 핵분열이 일어날 때는 세슘 같은 방사성 물질도 만들어진다.

그렇다면 핵융합로는 무엇이 다를까?

현재 실험로는 양성자와 중성자로 이루어진 중수소(D), 양성자 1개와 중성자 2개로 이루어진 삼중수소(T)를 연료로 사용한다. 둘 다 수소의 동위 원소이다.

핵융합로에서는 다음과 같은 반응을 일으켜 전기를 만든다.

1. 중수소와 삼중수소의 원자핵을 충돌시킨다.

↓

2. 막대한 에너지와 함께 중성자와 헬륨이 만들어진다.

↓

3. 중성자 2개와 다른 원자(리튬-6)를 핵융합시킨다.

↓

4. 헬륨과 삼중수소가 만들어진다. 삼중수소를 재이용한다(3과 4는 자연계에 거의 존재하지 않는 삼중수소를 만드는 데 필요한 과정이다).

태양 내부의 핵융합 반응은 양성자와 양성자의 융합으로 시작되는데, 앞에서 설명했다시피 쿨롱 장벽이 존재하므로 반응 속도는 매우 느리다. 그리고 반응 도중 중수소와 삼중수소가 만들어지므로 핵융합로에서는 효율적으로 반응을 일으키기 위해 처음부터 중수소와 삼중수소를 사용한다. 이 방식을 D-T 핵융합 반응이라고 한다(그림 24).

이 방법을 이용하면 연료 1g으로 석유를 약 8t(탱크로리 한 대분) 태울 에너지를 얻을 수 있다.

단, 중수소와 삼중수소는 질량이 각각 양성자의 2배, 3배이므로 이를 융합하려면 태양의 중심 온도인 1,500만 ℃보다 훨씬 높은 1억 ℃라는 초고온이 필요하다. 이는 빅뱅으로 우주가 탄생한 지 약

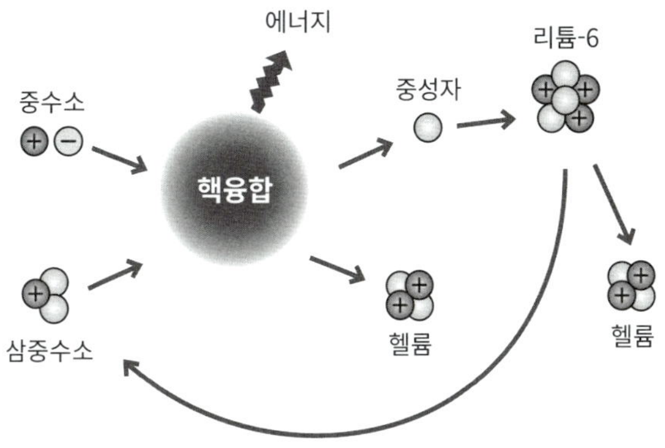

연료 1g에서 석유 약 8t(탱크로리 한 대분)을 태울 에너지가 만들어진다.

3분 후의 온도와 같다.

핵융합 반응에서 발생하는 에너지의 약 80%를 중성자가 가지고 있으므로 튀어나오는 중성자를 블랭킷(blanket)이라는 특수한 벽으로 붙잡아 열로 변환해야 한다.

바닷속에 거의 무한히 존재하는 중수소와 달리 삼중수소는 자연계에 거의 존재하지 않기에, 핵융합 과정에서 발생한 중수소를 블랭킷에 넣은 리튬과 베릴륨과 충돌시켜 만든다.

중수소와 중수소 사이의 핵융합 반응(D-D 핵융합 반응)은 삼중수소를 사용하지 않고 중수소만 사용하므로 연료를 보충하지 않아도 된다. 그러나 이를 실현하려면 약 10억 ℃라는 터무니없이 높은 온도가 필요하므로 현대는 물론 가까운 미래의 기술력으로는 실현할 수 없을 듯하다.

 국제 핵융합 실험로 ITER 계획

핵융합로의 가장 큰 문제는 연료로 쓰이는 원자핵을 고온의 핵융합로 내부에 안정적으로 장시간 가둬 두어야 한다는 점이다. 핵융합이 일어날 정도의 고온에서 물질은 원자핵(여기서는 중수소 핵과 삼중수소 핵)과 전자가 흩어져 있는 플라스마 상태가 되는데, 핵융합을 일으키려면 온도뿐만 아니라 밀도도 일정 수준 이상이어야 한다.

초고온 플라스마를 가둘 때는 하전 입자가 자기력선에 감긴 것처럼 운동하는 성질을 이용한다.

구소련(소비에트 연방)에서 개발한 토카막형 핵융합로가 대표적이다. 토카막은 도넛 형태의 진공 용기 속에 전자석을 설치하고, 그 주위에 자기력선을 나선형으로 감아 플라스마를 가두는 장치이다(그림 25). 국제 핵융합 실험로(International Thermonuclear Experimental Reactor, ITER)도 이 방식을 채용했다.

ITER 계획에는 미국, 러시아, 유럽연합(EU), 한국, 일본, 중국, 인도 등의 국가가 참여하고 있다. ITER의 목표는 수백 초 동안 핵융합 반응을 끊임없이 일으키기 위해 주입한 에너지의 10배에 이르는 출력을 내는 것이다. 그러나 핵융합 실험 자체의 시작 시기도 2035

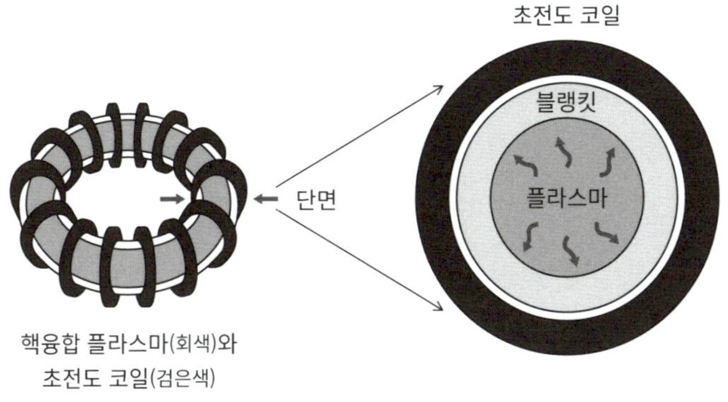

년으로 예정된 만큼, 지상에서 태양을 만들어 내기까지는 아직 갈 길이 멀다.

 20세기 최대의 과학 스캔들, 상온 핵융합

핵융합은 꿈의 에너지원으로 불리지만, 초고온·고압의 플라스마 상태를 안정적으로 유지하는 기술적 과제가 남아 있어 실현되기까지 오랜 시간이 걸릴 것으로 보인다.

1989년, 약 1,000°C의 '저온'에서 핵융합이 일어난다고 주장하는 연구가 발표되면서 온 학계가 들썩였다.

당시 영국 사우샘프턴대학교 교수였던 마틴 플라이슈만과 미국 유타대학의 스탠리 폰스는 중수(중수소 2개와 산소로 이루어진 물)를 채운 용기에 팔라듐 전극과 백금 전극을 담그고 전류를 흘리면 수소 원자가 팔라듐 전극에 대량으로 흡수되어 융합 반응을 일으키는 실험을 했다. 이들은 실험 결과 투입한 에너지의 4배에 이르는 에너지가 발생했으며, 핵융합으로 만들어지는 중성자, 삼중수소, 감마선이 검출되었다고 발표했다.

팔라듐은 고체 부피의 1,000배나 되는 수소를 흡수하는 성질이 있어 수소 저장 금속으로도 불린다. 흡수된 중수소는 고체 팔라듐 안에서 이온화[전기적으로 중성인 원자가 전자를 잃고(산화) 양전하를 띠는 양이온이 되거나, 전자를 얻고(환원) 음전하를 띠는 음이온 상태가 되는 현상. 팔라듐에 흡수된 중수소는 양이온이 된다]된다. 따라서 중수소의 원자핵, 즉 양이온화된 중수소는 서로 만날수록 가까워지며, 저온에서도 극히 낮은 확률로 터널링 효과가 일어나 융합할 수 있다고 두 사람은 생각했다.

사실 이 발상 자체는 1920년대에 이미 등장했다. 계산상 확률이 0은 아니지만, 0이나 다름없기에 이론적으로 일어날 가능성이 거의 없었다. 그런데 이들은 실제로 저온에서 터널링 효과가 일어났다고 주장한 것이다. 막대한 이익과 연결되는 특허나 유사 연구를 진행하던 다른 대학과의 선점권 다툼도 엮여 있었기에 실험의 세부 사항은 공표되지 않았다.

중수소끼리 융합하려면 10억 ℃라는 초고온 환경이 필요하지만,

이 방법이라면 그보다 훨씬 낮은 온도에서도 핵융합을 쉽게 일으킬 수 있다. 만약 두 사람의 주장이 진짜라면 그로 인한 사회적 파장은 어마어마할 터였다.

전 세계의 연구자들이 플라이슈만과 폰스의 실험을 재현하기 위해 도전했지만, 결과는 대체로 부정적이었다. 결국, 두 사람의 연구는 사실이 아니라는 결론으로 마무리되었고, 폰스는 유타대학에서 해고되었다. 그는 프랑스로 건너가 플라이슈만과 함께 1998년까지 연구를 계속했으나 이후 행적은 알려지지 않았다.

상온 핵융합(cold fusion)으로 불리는 두 사람의 연구는 20세기 최대의 과학 스캔들로 역사에 기록되었다. 그러나 상온 핵융합은 실현되기만 하면 인류의 미래를 바꿀 정도의 매력이 있기에 지금도 소수의 연구자가 연구를 이어 나가고 있다.

일본에서도 1994년부터 1999년까지 통상산업성(재정 및 경제 정책을 총괄하는 일본의 중앙 행정 기관. 2001년에 경제산업성으로 명칭이 바뀌었다-옮긴이)의 주도하에 신 수소 에너지 실증 실험 프로젝트가 진행되었지만, 플라이슈만과 폰스가 관측한 현상은 확인할 수 없었다는 최종 보고와 함께 프로젝트는 마무리되었다. 그리고 2015년에는 구글이 1,000만 달러의 자금을 투자하여 상온 핵융합 연구를 지원했지만, 역시 결과는 부정적이었다.

현재도 상온 핵융합 연구로 핵융합을 일으키는 데 성공했다고 발표한 연구 기관들이 일부 있지만, 여전히 핵융합 전문가들은 대부분 인정하지 않고 있다.

 송전 손실을 최소화하는 초전도체

전기가 우리의 생활에 없어서는 안 될 요소라는 점은 두말할 필요도 없다. 그런 상황 속에 원자력 발전을 둘러싼 찬반 논쟁이 사회적 쟁점으로 떠오르고 있다.

그런데 발전소에서 공장이나 가정에 전력을 보내는 과정에서 약 5%의 전력이 손실된다는 사실을 알고 있는가? 이를 송전 손실이라고 하는데, 전선 내부의 전기 저항으로 인해 전기가 열로 바뀌기 때문에 손실되는 전력이다.

일본 전국에서 전력을 수송하는 과정 도중 손실되는 전력은 원자력 발전소 6대분이라고 한다. 송전 손실을 없애면 원자력 발전소 6대를 가동하지 않아도 된다는 뜻이다.

전선을 초전도체로 만들면 송전 손실을 없앨 수 있다. 초전도란 전기 저항 없이 전류가 흐르는 현상이다. 전류가 흐르면 자기장이 발생하므로 전류가 셀수록 더 강력한 자석이 만들어진다.

초전도 상태에서 전류가 흐르게 만들 수 있으면 강력한 자석을 만들 수 있고, 강한 자기장이 필요한 리니어 모터카와 MRI(자기 공명 영상) 장치 등 여러 분야에 응용할 수도 있다. 이어서 뉴스에서도 화제가 된 초전도 현상을 자세히 알아보자.

 ## 금속은 왜 저온에서 초전도 상태가 될까?

초전도 현상은 양자역학이 확립되기 전인 1911년, 네덜란드의 물리학자 헤이커 카메를링 오너스에 의해 발견되었다. 오너스는 수은을 냉각하면 -268.8℃에서 전기 저항이 갑자기 0이 되는 현상을 발견했다. 이제부터는 매우 낮은 온도를 다룰 예정이므로 섭씨(℃) 대신 절대 온도[K(켈빈)]를 사용하기로 한다.

0K는 -273℃와 같다. 따라서 -268.8℃를 절대 온도로 환산하면 4.2K가 된다. 오너스는 다른 금속에서도 절대 영도(0K)에 가까운 극저온에서 전기 저항이 사라지는 현상을 발견하여 이 현상이 일반적인 현상임을 입증했다.

1933년에는 독일의 물리학자 발터 마이스너가 외부에서 초전도체에 자기장을 가하면 자기장이 초전도체 내부로 침입하지 못하는 현상을 발견했다. 오늘날에는 이 현상을 마이스너 효과로 부른다. 초전도체에 자석을 밀어내는 힘이 작용하는 이유는 마이스너 효과 때문이다.

금속이 저온에서 초전도 상태가 되는 이유는 오랫동안 밝혀지지 않았지만, 1957년에 존 바딘, 리언 쿠퍼, 존 로버트 슈리퍼 등 세 명의 미국인 물리학자가 이를 규명하는 데 성공했다. 이 이론을 세 사람의 이름을 따 BCS 이론이라고 한다.

원자는 양전하를 띤 원자핵과 그 주위를 도는 전자로 이루어져 있다. 원자 내부의 전자는 에너지로 인해 원자핵을 감싸는 영역이 정해져 있는데, 그 영역을 전자껍질이라고 한다. 그중에서도 가장 바깥쪽 전자껍질에 있는 전자는 최외각 전자라고 한다(그림 26).

금속은 원자들이 가까이 모여 전자껍질끼리 겹치듯 규칙적으로 배열된 구조이다. 따라서 전자가 움직이는 범위가 넓어 최외각 전자도 자유롭게 움직일 수 있다. 전자(음전하)를 잃은 원자는 전체적으로 양전하를 띤 양이온이 되고, 그 사이를 전자가 자유롭게 돌아다니는(자유 전자) 상태가 된다. 이온과 자유 전자 사이에 작용하는 전기적인 인력 덕에 금속은 결합을 유지할 수 있다. 또한, **금속에 전기가 흐르는 이유는 이 자유 전자가 이동하기 때문**이다.

한편, 금속의 전기 저항은 온도가 높을수록 커진다. 온도가 높아지면 원자 사이의 거리가 늘었다 줄었다 하는 진동(격자 진동)이 생겨 금속 내부에 일종의 파동이 전달되는데, 이 파동이 전자의 이동을 방해하기 때문이다.

공기 중에서 소리가 전달될 때 공기 밀도의 진동으로 생긴 파동의 변화가 소리(음파)의 형태로 이동하듯이, 금속 내부의 파동 역시 밀도의 진동이 파동의 형태로 전달되는 현상이다. 그리고 온도가 낮아지면 격자 진동이 작아지므로 자유 전자도 방해받지

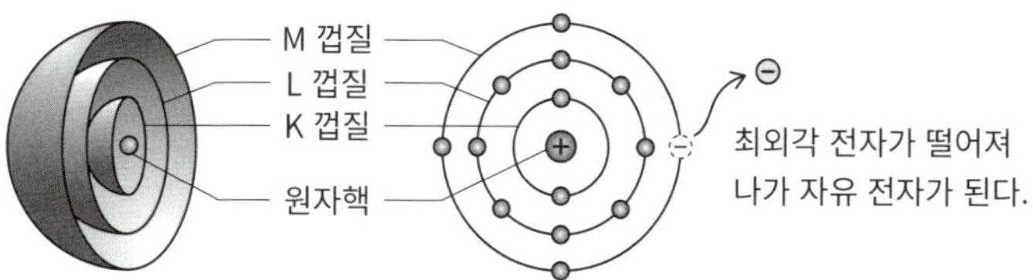

원자핵 주위의 전자는 전자껍질에 존재한다.

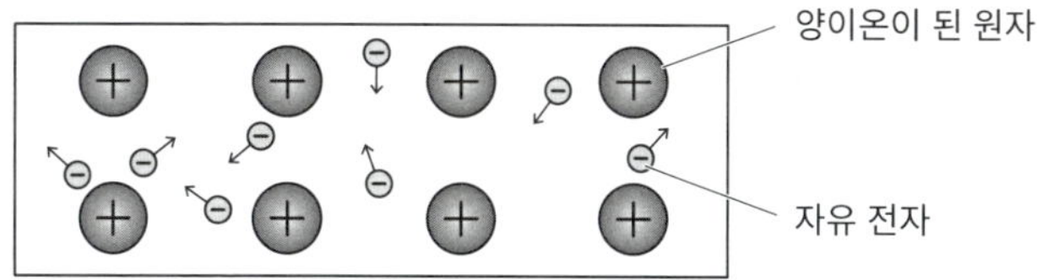

• 이온과 자유 전자 사이의 인력으로 금속이 결합하여 고체가 된다.
• 금속에 전압을 걸면 자유 전자가 이동하며 전류가 흐른다.

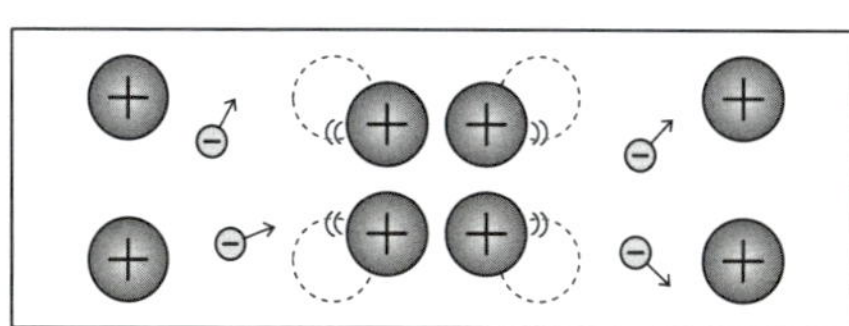

금속 온도 상승

원자 사이의 거리가 늘었다 줄었다 하면서 진동이 생긴다.
이 파동이 자유 전자의 운동을 방해한다.

‖

전기 저항 UP

않고 운동하게 된다.

그러나 이 설명으로는 온도를 낮췄을 때 전기 저항이 작아지는 이유는 설명할 수 있어도 오너스가 발견한 초전도성은 설명할 수 없다. 절대 영도가 아닌 이상 격자 진동은 사라지지 않으므로 전기 저항은 절대 0이 되지 않기 때문이다.

 양자역학으로 해석한 쿠퍼 쌍과 초전도 현상

바딘, 쿠퍼, 슈리퍼는 자유 전자와 격자 진동의 관계를 더 깊게 탐구했고, **격자 진동을 통해 두 자유 전자 사이에 약한 인력이 작용함으로써 초전도성이 생기는 원리**를 발견했다.

격자 진동은 양전하를 띤 이온에서 발생한다. 그리고 원래 음전하를 띤 자유 전자끼리는 반발하지만, 극저온에서는 이온의 양전하가 전자 사이의 반발력을 억제하면서 두 전자를 결합하는 인력이 생긴다. 좀 더 자세히 들여다보자(그림 27).

음전하를 띤 자유 전자가 양전하를 띤 이온을 통과하면 주변의 양이온이 미약하게 전자에 이끌리면서 진동이 시작된다. 이것이 격자 진동이다. 여기서 격자는 이온을 가리킨다고 보면 된다. 격자 진동이 일어나면 이번에는 격자(+) 가까이에 있던 다른 자유 전자(-)가 끌려온다. 그 결과, **격자 진동에 이끌려 온 자유 전자 2개가 격자를 통과(=전자 2개에 인력이 작용)한 것처럼 보인다.**

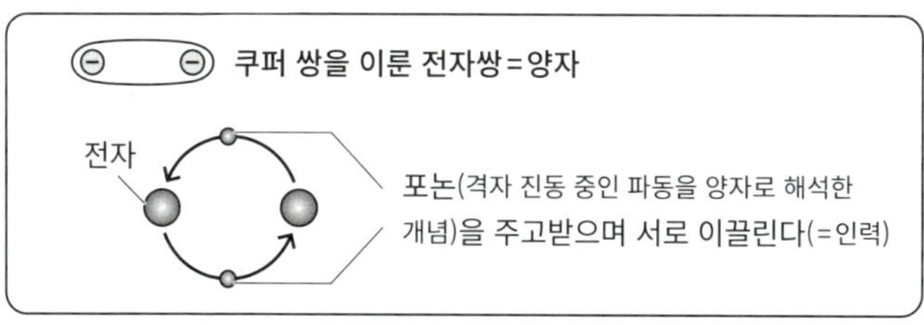

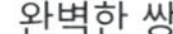

전자는 원래 페르미온이라는
기본 입자에 속한다.
집단행동을 싫어하고
불규칙적으로 운동한다.

＝

전기 저항

쿠퍼 쌍을 이루면 보손이라는
기본 입자로 바뀐다.
온도가 낮아지면 완벽하게
똑같이 운동한다.

＝

전기 저항이 0인 초전도체!

세 사람은 이를 양자역학적으로 엄밀하게 도출했다. 격자가 진동하면 파동은 포논(phonon, 음향 양자)이라는 양자화된 진동의 형태로 나타난다. 그리고 두 전자 사이에 인력이 작용한 이유는 두 전자가 포논을 주고받음으로써 인력이 발생했기 때문으로 해석할 수 있다.

이러한 전자쌍을 쿠퍼 쌍이라고 한다. 쿠퍼 쌍 역시 양자이다. 쿠퍼 쌍을 이룬 두 전자는 전자와 전혀 다른 성질을 띠게 된다. 어떤 성질을 띠게 될까?

원래 전자는 페르미온으로 분류되는 기본 입자(물질의 기본적인 구성 요소로, 모든 기본 입자는 양자)이다. 그러나 입자가 많이 모인 것도 아니고 2개밖에 없더라도 두 입자의 상태는 같아지지 않는다. 집단행동은커녕 단둘이서도 똑같이 행동하지 않는 말썽꾸러기들이다. 그러므로 금속 안에 존재하는 자유 전자끼리도 운동 상태는 조금씩 다르다.

또한, '전기 저항이 있다'라는 말은 '전하를 운반하는 전자가 포논과 충돌하여 제각기 다른 운동 상태가 되면서 전류가 제대로 흐르지 않는다'라는 뜻이기도 하다. 모든 전자의 운동 상태를 완벽하게 똑같이 만들면 전기 저항은 0이 되지만, 페르미온인 전자는 집단으로 똑같이 행동하지 않으므로 아무리 온도를 낮춰도 전기 저항은 0이 되지 않는다.

그런데 전자 2개가 쿠퍼 쌍을 만들면 페르미온에서 보손으로 기본 입자의 분류가 바뀐다.

전자 하나하나＝페르미온

쿠퍼 쌍을 이룬 전자＝보손

보손은 낮은 온도에서 모든 입자가 완벽하게 똑같이 운동하는 성질이 있다. 따라서 전자가 쿠퍼 쌍을 이루면 집단행동을 선호하는 경향을 보이게 된다.

다수의 입자가 모여 하나처럼 행동하는 현상을 '보스-아인슈타인 응축'이라고 한다. 인도의 물리학자 사티엔드라 나트 보스가 예견했고, 아인슈타인이 학계에 소개했다. '여러 가지를 하나로 집중시키는 일'이라는 응축의 사전적 정의처럼 보스-아인슈타인 응축 역시 쿠퍼 쌍의 운동이 모두 같은 상태로 수렴하는 현상이다.

따라서 쿠퍼 쌍이 모여 있는 금속을 일정 온도 이하로 냉각시키면, 보스-아인슈타인 응축이 일어나 모든 쿠퍼 쌍의 운동 상태가 같아지면서 전류 저항이 사라진 상태에서 전류가 흐르는 초전도 현상이 일어난다.

어떤 초전도체는 내부에 초전도성을 띠지 않는 부분이 있고 자기장이 그 부분만 통과하므로, 마치 핀으로 고정한 것처럼 자기장 속에서 안정적으로 떠오른다. 일반적인 자석도 같은 극끼리 반발하지만, 실제로 해 보면 알 수 있듯이 절대 안정된 상태인 두 자석을 특정 위치에 고정할 수는 없다.

이를 자기 선속 고정이라고 하는데, 리니어 모터카가 안정적으로 떠 있을 수 있는 이유는 마이스너 효과와 자기 선속 고정 덕분이다.

초전도체는 이처럼 흥미로운 성질을 가지고 있지만, 1980년대 중반까지 일반적인 1기압 환경에서 초전도 현상이 일어나는 조건은 30K가 한계로 여겨졌다. 따라서 초전도 현상이 실현되려면 (희귀한 원소인 헬륨으로 만든) 4K의 액체 헬륨이라는 매우 비싼 냉각재로 온도를 낮춰야 하기에 응용에도 한계가 있었다.

 전 세계를 떠들썩하게 한 고온 초전도체

1987년 1월, 어떤 소식이 전 세계를 떠들썩하게 만들었다. '고온'에서 초전도 현상을 보이는 물질이 발견되었다는, 그야말로 기존의 상식으로는 도저히 생각할 수 없는 소식이었다.

앞에서 설명했다시피 초전도체를 활용하려면 비싼 액체 헬륨으로 냉각해야 했다. 반면에 액체 질소는 비교적 비용이 저렴하고 이용하기 쉬운 냉각재였다.

질소는 대기의 약 80%를 차지하며, 액화하는 온도도 77K(-196℃)로 비교적 고온에서 다룰 수 있는 물질이다. 질소가 액체로 존재하는 온도보다 높은 온도에서 초전도 현상을 일으키는 물질이 있다면, 응용 범위는 단숨에 넓어지는 셈이다. 그리고 당시 발견되었다고 발표한 초전도체의 온도는 93K였다.

사실 지난해 6월, 그 포석이 되는 발견이 있었다. IBM 취리히 연구소의 물리학자 요하네스 게오르크 베드노르츠와 카를 알렉산더 뮐러가 35K에서 초전도체가 되는 물질을 발견한 것이다. 온도 자체는 높지 않지만, 두 사람이 발견한 물질은 금속이 아니라 전기가 통하지 않는 절연체인 구리 산화물이었다.

두 사람은 구리와 산소로 이루어진 결정에 란타늄 또는 바륨을 주입한 뒤 변화를 관찰했고, 그 과정에서 주입한 원자의 영향으로 결정 내부의 원자를 이루는 전자가 떨어져 나가 자유 전자가 되며, 절대 온도 35K에서 초전도체가 될 가능성이 있다고 주장했다.

이들의 발표로부터 수개월 후, 일본의 연구진들이 마이스너 효과를 확인하여 두 사람이 발견한 물질이 초전도체임을 보였다. 이를 계기로 전 세계가 앞다투어 경쟁에 뛰어들면서 '고온 초전도 열풍'이 수년 동안 이어졌다.

1987년 2월에는 90K에서 초전도 현상을 일으키는 구리 산화물이 발견되었고, 1993년에는 135K에 이르면서 대기압에서 최고 온도를 기록했다. 구리 산화물 외에 철 산화물과 황화 수소를 비롯한 수소 화합물 등에서도 초전도 현상이 확인되었고, 대기압의 100만 배라는 초고압 조건에서는 **294K(21℃)에서 초전도체가 발견**되었다.

2023년에는 한국의 연구진이 상압·상온에서 초전도체가 되는 물질을 개발했다고 발표하여 화제가 되었다. 이게 사실이라면 그야말로 세상이 뒤집힐 만한 발견이었기에 주가에도 큰 영향을 미쳤다. 그러나 추가 실험을 진행한 전 세계의 과학자들은 이 물질이 초전도체가 아니라는 결론을 내렸다.

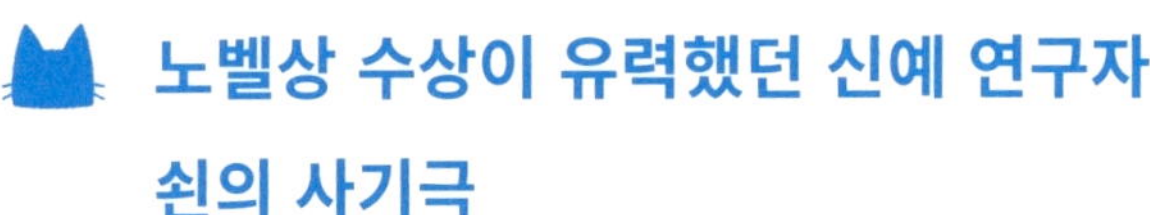 노벨상 수상이 유력했던 신예 연구자 쇤의 사기극

고온 초전도체는 상온 핵융합과 마찬가지로 사회에 엄청난 영향을 미칠 만한 연구 주제였지만, **연구 부정 스캔들** 또한 일어났다.

2000년 당시 벨 연구소에 재직 중이던 독일 출신의 신예 연구자 얀 헨드릭 쇤은 풀러렌이 52K에서 초전도체가 된다고 주장했다. 그리고 2001년에는 117K에서도 초전도 현상을 확인했으며, 이를 바탕으로 분자 크기의 트랜지스터를 만드는 데 성공했다고 발표했다.

풀러렌은 여러 개의 탄소 원자로 이루어진 구조체인데, 쇤의 발표는 당시 유기물 중에서 가장 높은 온도의 초전도체이며 유기전자공학에 응용할 수 있다는 점에서도 획기적인 발견으로 평가받았다.

이러한 업적 덕에 쇤은 2001~2002년에 걸쳐 수많은 상을 받았고, 2001년에는 8일에 한 편이라는 경이적인 속도로 논문을 집필하면서 노벨상에 가장 가까운 신예 연구자로 불렸다.

그러나 쇤의 논문에서 허점이 들통나기까지는 그리 오래 걸리지 않았다. 전혀 다른 실험에서 일부 데이터가 겹친다거나 실험 데이터가 보존되지 않은 등 파고들면 파고들수록 이상한 점이 드러났고, 끝내 날조된 결과였음이 발각되었다.

6장

양자의 시대가 온다: 양자 컴퓨터와 암호

🐱 컴퓨터의 초창기 역사

컴퓨터로 계산하려면 실제로 계산을 수행하는 연산 장치와 데이터를 저장하는 기억 장치를 비롯한 물리적 하드웨어, 그리고 어떤 계산을 어떻게 할지 지시하는 소프트웨어(프로그램)가 필요하다. 기본적으로 프로그램을 바꾸면 하나의 하드웨어로 다양한 계산을 할 수 있는 방식이다.

지금은 당연할지 몰라도 처음부터 이러한 방식은 아니었다. 초창기 컴퓨터는 단계마다 진공관의 배열을 바꿔야 했기에 계산이 매우 번거로웠다.

오늘날 대중에 보급된, 프로그램을 데이터 형태로 읽어 들여 계산을 수행하는 컴퓨터를 '노이만형 컴퓨터'라고 한다. 컴퓨터 발전의 토대를 마련하고 양자역학의 수학적 공식화에 이바지한 미국의 수학자 존 폰 노이만에서 유래한 이름이다.

본격적으로 폰 노이만 구조를 채용한 최초의 컴퓨터는 에드박(EDVAC)으로, 1944년 개발에 들어가 1951년에 처음 가동했다. 본체는 6,000여 개의 진공관과 1만 2,000여 개의 다이오드(정류 장치)로 구성되어 있고, 총 중량은 7.85t이나 되었다.

'노이만형'이라고 하지만, 사실 개발한 인물은 미국 펜실베이니아대학교에 재직했던 존 모클리와 존 에커트였다. 노이만은 프로젝트에 중도 참가하여 1945년에 개발 보고서 초안을 작성했는데, 이 보고서가 외부로 유출되고 말았다. 당시 노이만은 누구나 아는 저명한 수학자였기에 그의 이름이 붙게 되었다.

에드박이 완성되었을 때, 노이만은 "나 다음으로 머리 좋은 녀석이 만들어졌군"이라 말했다고 한다.

 슈퍼컴퓨터로도 풀기 힘든 외판원 순회 문제와 소인수분해

노이만이 활약한 시대부터 현대에 이르기까지 컴퓨터의 계산 속도는 평균 5년마다 10배씩 빨라졌다. 컴퓨터의 계산 속도는 플롭스(FLOPS)라는 단위로 표현하는데, 1플롭스는 1초 동안 컴퓨터가 연산을 수행한 횟수이다.

오늘날 슈퍼컴퓨터는 1엑사플롭스(ExaFLOPS), 즉 1초에 100경(10^{18})번 연산을 수행할 수 있다. 이는 대한민국 전 국민이 620여 년 동안 1초에 한 번 연산을 수행한 횟수와 같다.

그만큼 능력이 뛰어난 슈퍼컴퓨터는 기상 예보, 신약 개발, 블랙홀끼리의 충돌 시뮬레이션 등 수많은 분야에 없어서는 안 될 장치이다. 그러나 계산 속도의 발전도 2010년대에 들어 둔화하면서 점점 한계에 이르고 있다.

슈퍼컴퓨터라면 어떤 계산이든 순식간에 가능하다는 이미지이지만, 사실 그렇지 않다. 외판원 순회 문제가 대표적이다. 외판원이 여러 도시를 한 번씩 방문하고 돌아올 때 이동 거리가 가장 짧은 방문 순서를 구하는 문제로, 다양한 선택지 중 최선을 구하는 조합 최적화 문제 중 하나이다.

모든 루트를 하나하나 실제로 계산해서 비교하면 문제를 풀 수 있지만, 도시가 N개일 때 나올 수 있는 가짓수는 $\frac{(N-1)!}{2}$ 이다(!는 '팩토리얼'을 표현하는 기호로, 1부터 N까지 연속된 자연수 N개의 곱을 뜻한다. 예를 들어 $4! = 4(4-1)(4-2)(4-3) = 4 \times 3 \times 2 \times 1 = 24$이다).

만약 방문할 도시가 5개라면 순회 패턴은 12가지이므로 비교하는 데 그리 시간이 걸리지 않지만, 그 2배인 10개라면 18만 1,440가지, 그리고 30개라면 무려 10^{32}가지 이상으로 가짓수가 폭발적으로 증가하므로 현재 최고 성능의 슈퍼컴퓨터로도 최단 경로를 구하는 데 10만 년 이상 걸린다.

소인수분해 역시 슈퍼컴퓨터로 해결하기 힘든 문제이다. 소인수분해는 어떤 자연수를 소수의 곱으로 나타내는 방식이다. 소수는 1보다 큰 자연수 중 1과 자기 자신으로만 나누어떨어지는 수로, 2, 3, 5, 7, 11…… 등 무수히 많다. 예를 들어 15를 소인수분해 하면 3×5가 된다.

임의의 자연수에 대한 소인수분해는 한 가지밖에 없다. 15 정도

는 간단하게 구할 수 있지만, 4897이라면 어떨까? 답은 59×83
이다. 계산기로 4897을 작은 소수부터 하나씩 나누다 보면 59까
지 와서 비로소 나누어떨어지는데, 사람이 일일이 하면 오래 걸
리겠지만 슈퍼컴퓨터로는 한순간에 끝날 것이다.

그렇다면 백 자릿수의 수를 소인수분해 하는 데는 얼마나 걸릴
까? 슈퍼컴퓨터로도 2주는 필요하다. 자릿수가 늘수록 계산 시간
이 기하급수적으로 늘고, 자릿수가 600을 넘으면 1억 년 이상 걸리
므로 사실상 불가능이나 다름없다.

 양자 3형제: 파인만, 도이치, 에버렛

슈퍼컴퓨터의 한계가 드러나자 사람들은 더 강력한 컴퓨터의 등
장을 기다렸고, 그런 상황 속에서 양자 컴퓨터가 등장했다. 만약
양자 컴퓨터의 성능이 기대를 충족할 만큼 뛰어나다면 외판원
순회 문제나 소인수분해도 손쉽게 풀 수 있을 것이다. 외판원 순
회 문제는 둘째 치고 소인수분해가 가능해지면 통신 보안 면에서
는 곤란해지겠지만, 그 부분은 잠시 뒤로 미루고 일단 양자 컴퓨
터가 등장한 배경부터 이야기해 보자.

미국의 물리학자이자 프린스턴대학교의 물리학 교수 존 아치볼
드 휠러는 3장에서 소개한 (전자가 특정 에너지값만 가진다는) 양자

조건을 주장한 양자역학의 선구자 보어의 제자였다. 휠러는 아인슈타인과 공동 연구를 했고 블랙홀이라는 용어를 널리 알렸으며, 수많은 연구자를 육성한 인물로도 유명하다.

노벨상을 받은 미국의 물리학자 리처드 파인만, 양자 계산 이론의 선구자인 영국의 물리학자 데이비드 도이치, 다세계 해석을 주장한 미국의 물리학자 휴 에버렛 3세는 모두 휠러의 제자들이다. 파인만, 도이치, 에버렛 세 사람은 휠러가 육성한 '양자 3형제'인 셈이다.

계산에 양자역학을 활용할 가능성을 공식적인 자리에서 제기한 최초의 인물은 파인만이다. 노이만형 컴퓨터가 등장한 이후 극소수의 물리학자들이 계산 자체 혹은 일반적인 정보와 물리학의 관계에 흥미를 보이기 시작했다.

1981년에 최초로 개최된 계산물리학 학회에서 파인만은 자연계를 지배하는 법칙은 양자역학이므로 계산에 양자역학을 도입해야 한다고 주장했다. 그러나 양자역학을 어떻게 계산에 활용할 수 있는지 아무도 명확하게 이해하지 못했기 때문에 당시로서는 뜬구름 잡는 소리나 다름없었다.

이를 구체적으로 제시한 인물이 바로 데이비드 도이치이다. 마찬가지로 휠러 밑에서 연구했던 그의 관심사는 양자 컴퓨터가 아니라 양자역학 그 자체, 특히 파동 함수의 해석이었다. 그리고 휠러의 또 다른 제자 휴 에버렛 3세의 다세계 해석이 등장했다.

 거시적 관측은 중첩 상태를 붕괴시킨다 : 코펜하겐 해석

양자 3형제 중 셋째, 에버렛의 다세계 해석을 배우기 전에 지금까지 배운 내용을 복습해 보자.

닐스 보어를 비롯한 연구자들이 제안했으며, 당시 양자역학에 큰 영향을 미친 코펜하겐 해석의 내용은 다음과 같다.

- 관측되지 않는 동안 양자는 모든 가능성(상태)의 집합이며, 파동 함수로 표현된다.
- 관측한 순간 양자는 입자로서 한 가지 상태로 확정되고 파동 함수는 한 점으로 수축(붕괴)하며, 다른 가능성은 모두 사라진다.

곰곰이 생각해 보면, 파동 함수의 붕괴에는 양자역학이 지배하는 미시 세계를 관측하는 거시적인 장치(양자역학이 적용되지 않고, 원자와 분자보다 훨씬 큰 장치) 또는 관측자의 존재가 전제로 깔려 있음을 알 수 있다. 이를테면 전자의 위치를 알기 위해 랜턴으로 빛을 비췄을 때, 랜턴은 거시적인 장치이다.

이처럼 코펜하겐 해석에서 관측이란 양자역학이 적용되지 않는 거시적인 장치 또는 관측자가 미시적인 대상의 중첩 상태를 파괴하는 일종의 조작이다.

거시적인 물체를 연구하는 물리학에는 '관측 대상에 어떠한 관측을 수행해도 대상 자체는 관측이라는 행위에 아무런 영향도 받지 않는다'라는 암묵적인 전제가 숨어 있다.

반면에 양자와 같은 미시 세계의 존재는 관측이라는 행위 자체에 영향을 받아 파동 함수의 붕괴가 일어난다. 그러나 구체적인 메커니즘을 양자역학으로 설명할 수 없기에 단순히 '관측하면 그렇게 된다'라고만 설명한다. 물론 그렇게만 설명해도 앞에서 언급한 '일단 계산하라'라는 전제와 마찬가지로 실제로는 아무런 문제가 없다.

 우리가 사는 우주가 무수히 분기한다: 에버렛의 다세계 해석

그러나 거시 세계도 미시 세계의 입자로 이루어져 있으므로 미시와 거시를 구별할 필요 없다고 생각한 에버렛은 미시와 거시 전체를 아우르는 파동 함수를 고안했다.

1장에서 소개한 상자 속 양자 오셀로에 빗대면 미시 세계의 대상은 양자 오셀로, 거시 세계의 대상은 상자를 열고 오셀로를 관측한 여러분이다.

코펜하겐 해석에 따르면, 여러분이 양자 오셀로의 상태를 나타내는 파동 함수를 관측하면 앞면과 뒷면의 상태가 중첩되어 있던 파동 함수가 붕괴하면서 앞면 또는 뒷면으로 상태가 확정된다.

에버렛은 양자 오셀로와 관측자의 상태를 나타내는 파동 함수를 고안했다. 실제로 양자는 미시 세계의 대상이므로 사람이 직접 볼 수는 없고 관측 장치가 필요하다. 따라서 관측 장치의 상태도 고려 대상에 넣어야 하지만, 일단 지금은 단순하게 설명하기 위해 무시하기로 한다.

코펜하겐 해석의 파동 함수＝양자 오셀로의 상태를 나타냄
에버렛의 파동 함수＝양자 오셀로와 관측자의 상태를 나타냄

에버렛의 파동 함수에서 관측하기 전에는 양자 오셀로의 앞면과 뒷면 및 관측자의 상태가 중첩되어 있다. 여러분이 상자를 열어 오셀로가 앞면으로 확정되었을 때, 에버렛은 파동 함수가 붕괴하는 게 아니라고 생각했다. 에버렛에 따르면 오셀로가 앞면인 상태를 관측한 우주와 뒷면인 상태를 관측한 우주가 동시에 존재한다(그림 28). 즉 에버렛의 파동 함수에서는 여러분이 대상을 관측한 후 다음 ①과 ②가 동등하게 존재한다.

① 양자 오셀로가 앞면인 상태를 관측한 우주
② 양자 오셀로가 뒷면인 상태를 관측한 우주

그림 28   우주의 분기를 설명하는 다세계 해석

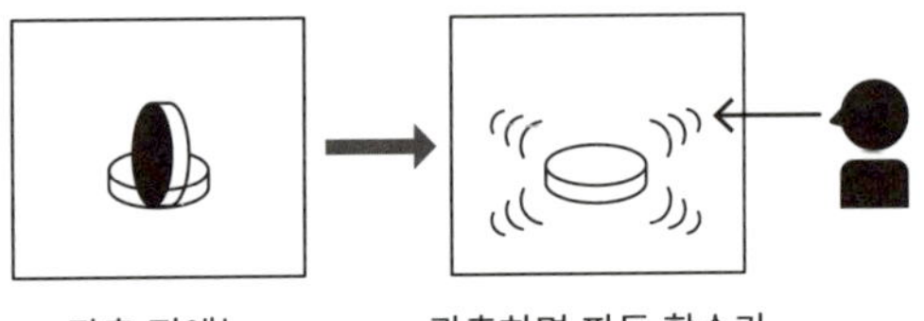
코펜하겐 해석
관측 전에는
흰색과 검은색이
중첩된 상태
관측하면 파동 함수가
붕괴하여 흰색 또는
검은색으로 확정된다

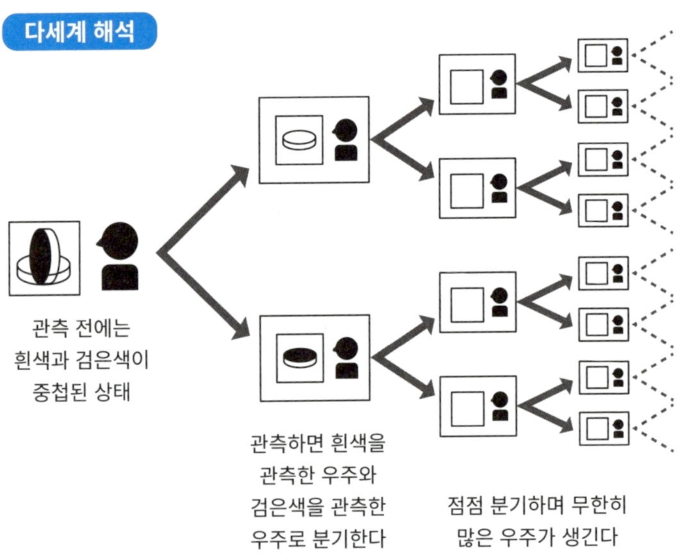
다세계 해석
관측 전에는
흰색과 검은색이
중첩된 상태
관측하면 흰색을
관측한 우주와
검은색을 관측한
우주로 분기한다
점점 분기하며 무한히
많은 우주가 생긴다

여러분이 사는 우주가
기하급수적으로 늘어나고 있어요!

에버렛은 양자역학의 법칙을 관측자와 관측 대상 전체에 그대로 적용하면 관측할 때마다 중첩 상태가 분기하여 측정 결과가 다른 별개의 우주로 분기한다고 해석할 수 있음을 보였다. 측정이라는 조작으로 분기한 우주들은 서로 아무런 관계도 없고 영향을 미치지도 않은 채 각기 다른 미래로 나아간다.

따라서 우주에는 상태가 수없이 중첩되어 있고, 측정할 때마다 분기하므로 무수히 많은 우주가 존재하게 된다. 무수히 많은 여러분이 존재하며, 저마다 다른 인생을 보내는 우주가 존재한다. 이것이 다세계 해석이다.

코펜하겐 해석은 파동 함수로는 표현할 수 없는 거시 세계(관측 장치와 관측자)를 도입함으로써 파동 함수의 붕괴라는 추가적인 요소를 고려해야 하는 데다, 미시 세계와 거시 세계의 경계에 대한 의문을 불러왔다.

한편 다세계 해석은 파동 함수의 붕괴를 고려하지 않아도 되지만, 그 대신 우주가 무수히 존재한다는 가정이 필요하다.

다세계 해석은 SF 작품에 등장하는 패럴렐 월드(평행 우주)와 비슷한 개념이지만, 서로의 존재가 전혀 상관도 없고 인식할 수도 없다는 점이 다르다.

또한, 다세계 해석을 설명할 때 때때로 등장하는 패럴렐 월드는 우리가 사는 우주가 분기하여 우리의 우주와 똑같은 우주가 여러 개 공존하는 이미지이다.

한편, 멀티버스(다중 우주)는 초끈 이론에서 탄생한 우주론으로, 자연 상수(중력 상수, 플랑크 상수, 광속 등)가 다른 우주가 처음부터 무수히 많이 존재한다는 물리학 이론이다. 멀티버스는 유니버스(universe, 우주)에서 단일을 뜻하는 유니(uni-)를 다중을 뜻하는 멀티(multi-)로 바꾼 조어이다. 다중 우주론에 따르면 우리의 우주는 우연히 고등 생명체가 태어났을 뿐인 자연 상수이다. 즉, 우리와 다른 생명체가 탄생한 우주도 존재할지 모른다.

물론 SF 작품은 창작물이므로 이보다 더할 수도 있다. 여러분이 직접 흥미로운 설정을 만들어 봐도 좋지 않을까.

 우주의 시작점에서는 성립하지 않는 코펜하겐 해석

실제로 양자역학 문제를 풀 때, 코펜하겐 해석이든 다세계 해석이든 결과는 같다. '다세계'라는 개념이 너무나도 이질적이어서 일반적인 양자역학 교과서에서는 잘 다루지 않는다.

그러나 우주 자체의 탄생을 연구할 때는 우주를 양자역학적인 존재로 다룰 수밖에 없다. 현재 수백억 광년이나 되는 우주도 시간을 거슬러 가면 한없이 작아지다가 결국 원자보다 작은 점으로 수축하여 미시적인 존재가 된다.

이때, 미시적인 우주를 관측하는 거시적인 관측자는 존재하지 않으므로 코펜하겐 해석의 대전제가 성립하지 않게 된다. 우주의 탄생을 연구하는 학자들은 대체로 다세계 해석을 지지한다.

 양자 컴퓨터의 기초, 2진법

마지막으로 양자 3형제의 둘째인 도이치와 양자 컴퓨터를 소개하고자 한다. 계산과 물리학에 흥미가 있었던 휠러의 제자 도이치는 다세계 해석에 심취해 있었다. 그리고 당연하게도 그의 관심사는 양자 컴퓨터였다.

일반적인 컴퓨터는 모든 정보를 0과 1이라는 두 숫자로 나타낸다. 우리는 평소 9까지 한 자릿수, 10~99는 두 자릿수, 100~999는 세 자릿수로 나타내는 10진법을 사용한다. 이때 각 자리에는 0~9라는 10개의 숫자가 들어간다.

그러나 2진법은 각 자리에 0과 1밖에 들어갈 수 없다. 따라서 10진법의 0과 1은 2진법에서도 0과 1이지만, 10진법의 2와 3을 2진법으로 나타내면 10과 11(각각 '일영', '일일'로 읽는다)이 된다. 10진법의 4, 5, 6은 2진법으로 각각 100, 101, 111이다(그림 29).

2진법으로도 덧셈을 할 수 있다. 예를 들어 10진법으로 1+1=2이지만, 2진법으로는 1+1=10이다. 1의 자리에 0과 1밖에 들어갈 수 없으므로 2가 나오면 한 자리 위로 올려야 한다.

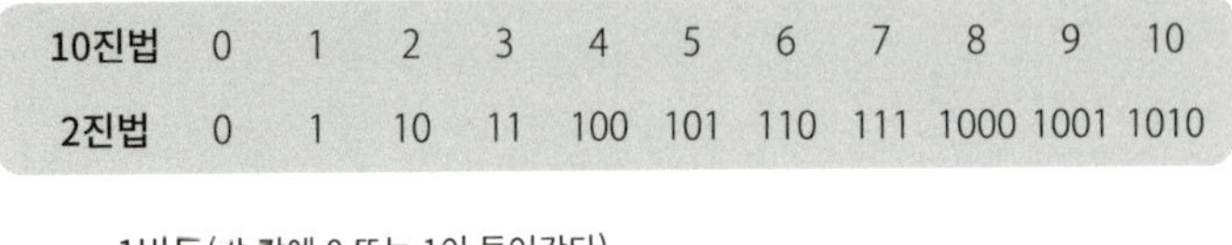

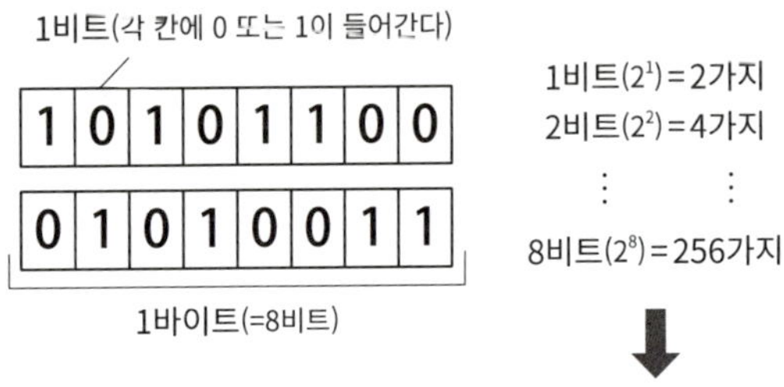

2진법의 뺄셈도 덧셈보다 약간 번거롭지만 가능하다. 아무리 계산이 복잡해도 큰 자릿수를 계산할 수 있다면 0과 1만으로 모든 숫자를 나타낼 수 있다.

2진법의 한 자리를 비트(bit)라고 하는데, 비트는 컴퓨터가 다루는 정보량의 최소 단위이기도 하다. 비트를 8개 늘어놓은 8비트는 1바이트(byte)이다. 일상에서도 "데이터의 크기가 500메가바이트(MB)이다"와 같이 종종 사용한다.

8비트로 표현할 수 있는 정보는 0부터 255까지 2^8=256가지이다. 비트 혹은 바이트 수가 클수록 한 번에 많은 정보를 처리할 수 있다.

일본의 슈퍼컴퓨터 후가쿠는 연산 코어(0과 1의 스위치)가 48개인 CPU(연산 코어와 이를 제어하는 반도체를 기판 하나에 모은 집적 회로)를 16만 개 갖춤으로써 1초에 약 44경 2010조(442,010,000,000,000,000)번의 계산을 할 수 있다. 물론 그만큼 큰 수를 계산하려면 그 수를 기억할 수 있는 대용량 메모리(기억 장치)가 있어야 한다.

컴퓨터가 2진법을 채용한 이유는 0과 1을 스위치를 켜고 끄는(전류를 흘리고 끊는) 동작에 대응하여 단순한 스위치로 나타낼 수 있기 때문이다. 이 스위치를 조합하여 덧셈과 뺄셈을 수행하는 회로를 게이트(gate)라고 한다. 데이터가 문을 통과할 때마다 계산을 수행한다고 해서 붙은 명칭이다.

 종언을 맞이한 무어의 법칙: 성능 향상의 한계

CPU와 메모리를 늘리면 무조건 더 복잡한 계산을 할 수 있냐고 물으면, 꼭 그렇지는 않다. 반도체 칩의 크기를 줄이는 기술이 한계에 가까워지고 있기 때문이다.

1975년, 인텔(intel)의 창업자 중 한 사람인 고든 무어는 반도체 칩의 미세 공정 기술이 발전하면서 집적회로당 부품 수가 2년마다 2배씩 늘어나리라고 예상했다. 부품이 많으면 물론 성능도 향상된다. 이를 무어의 법칙이라고 하며, 2010년쯤까지는 대체로 성립했으나 그 이후로는 기술 발전 속도가 느려지고 있다.

이는 반도체 칩의 크기가 원자 수준[0.1nm(나노미터)=1,000만분의 1mm]에 근접했기 때문이다. 기술력의 한계에 부딪힐 날이 가까워지고 있는 만큼 새로운 기술이 등장하지 않는 한 성능이 현재의 슈퍼컴퓨터를 웃돌기는 어려울 것으로 보인다.

어쩌면 앞에서 소개한 외판원 순회 문제나 소인수분해도 영영 해결할 수 없을지도 모른다. 그 밖에도 슈퍼컴퓨터로도 해결할 수 없는 문제는 수없이 많다. 애초에 파인만이 지적했다시피 '미시 세계의 현상은 이에 적용되는 양자역학의 법칙을 활용한 컴퓨터로 시뮬레이션해야' 할 것이다.

 다중 우주의 양자 컴퓨터가 계산을 돕고 있다고?

양자 컴퓨터도 2진법과 비트로 계산한다. 다만 양자 컴퓨터의 비트는 0 또는 1이 아니라 양자 오셀로처럼 0과 1이 임의의 확률로 중첩된 상태이다(그림 30).

일반적인 비트를 고전 비트, 양자 오셀로 같은 비트를 큐비트(quantum bit, 양자 비트)라고 한다. 비트의 양이 n이라면 둘 다 정보량은 2^n이다. 그러나 한 번에 조작할 수 있는 정보량을 따지면 고전 비트는 1개, 큐비트는 이론상 2^n개이다.

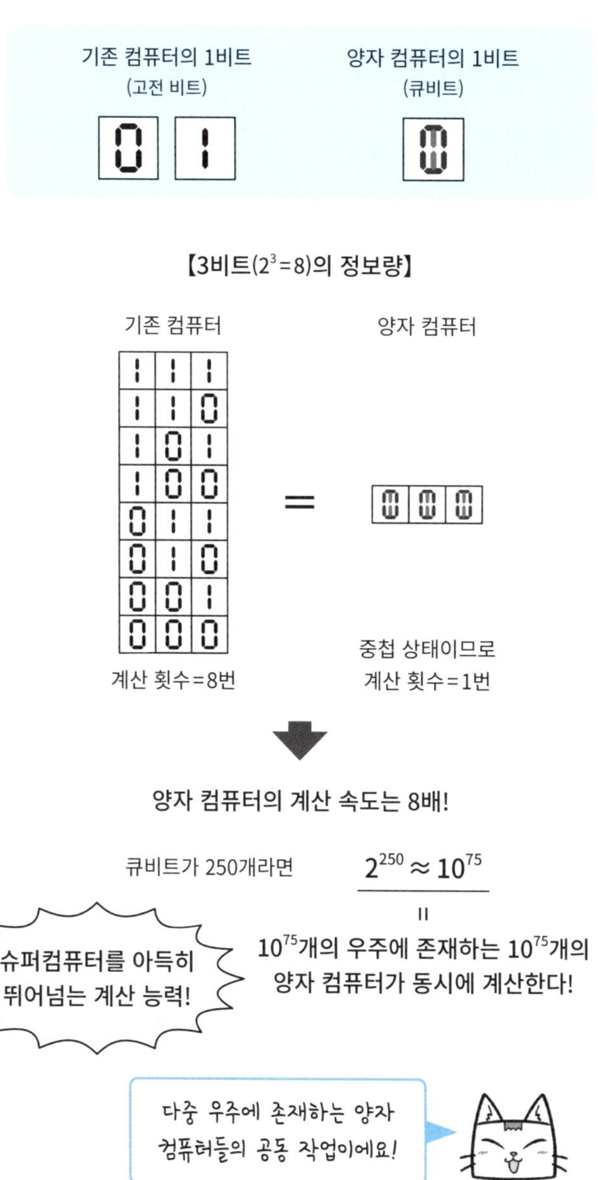

그림 30 양자 컴퓨터가 고속 계산을 할 수 있는 이유
기존 컴퓨터의 1비트
(고전 비트)
양자 컴퓨터의 1비트
(큐비트)
【3비트(2^3=8)의 정보량】
기존 컴퓨터
양자 컴퓨터
=
계산 횟수=8번
중첩 상태이므로
계산 횟수=1번
양자 컴퓨터의 계산 속도는 8배!
큐비트가 250개라면
$2^{250} \approx 10^{75}$
10^{75}개의 우주에 존재하는 10^{75}개의
양자 컴퓨터가 동시에 계산한다!
슈퍼컴퓨터를 아득히
뛰어넘는 계산 능력!
다중 우주에 존재하는 양자
컴퓨터들의 공동 작업이에요!

앞에서 배운 다세계 해석을 떠올려 보자. 다세계 해석에 따르면 n 비트를 가지고 있는 양자 컴퓨터는 2^n개의 우주에서 동시에 계산을 수행할 수 있다.

알기 쉽게 작은 숫자로 설명해 보자. n=3, 즉 3비트라면 $2^3 = 2 \times 2 \times 2 = 8$, 즉 111, 110, 101, 100, 011, 010, 001, 000으로 정보량은 8개이다.

고전 비트=111, 110, 101, 100, 011, 010, 001, 000이라는 패턴을 전부 만들고 계산을 8번 수행한다.
큐비트=111, 110, 101, 100, 011, 010, 001, 000 등의 패턴이 모두 중첩된 상태에서 계산을 1번 수행한다.

양자 컴퓨터의 계산 속도는 일반 컴퓨터보다 8배 빠르다.
그리고 큐비트가 250개로 늘어나면 정보량은 $2^{250} \approx 10^{75}$가 된다($\approx$은 ≒과 마찬가지로 거의 같은 값, 근사치를 나타내는 기호다).
이 값은 관측 가능한 우주의 모든 원자 수에 필적한다. 한편, 외판원 순회 문제에서는 도시 57개를 순회하는 패턴의 개수이기도 하다. 수식으로는 다음과 같이 나타낸다.

$$\frac{(57-1)!}{2} \approx 3.5 \times 10^{74}$$

일반 컴퓨터로 이를 하나하나 계산하기란 거의 불가능에 가깝다. 한편, 양자 컴퓨터는 한 우주에 한 대밖에 없지만 10^{75}개의 우주에서 동시에 계산을 수행한다.

도이치는 이를 전제로 일반 컴퓨터의 계산에 사용된 게이트를 다음과 같이 확장한 양자 게이트를 고안함으로써 양자 컴퓨터로 어떤 계산이든 할 수 있음을 보였다.

- 0 상태 → 0과 1의 중첩 상태로 만든다(H 게이트).
- 0 상태와 1 상태를 반전시킨다(X 게이트).

이로써 기존 컴퓨터에서 사용했던 회로도를 양자 컴퓨터에서도 사용할 수 있게 되었다.

🐱 양자 게이트로 좁힌 정답 후보

단, 각 우주에서 계산한 결과 중 무엇이 정답인지 고르기는 쉽지 않다. 양자역학에서는 관측하면 하나의 결과를 얻게 되는데(다세계 해석에서는 한 우주가 선택되는데), 그 순간 다른 결과는 전부 사라진다(다세계 해석에서는 다른 우주와의 연결고리가 사라진다)고 설명한다.

모든 결과를 파악하려면 반복해서 계산할 수밖에 없는데, 그래서는 기존의 컴퓨터와 다를 게 없다. 이 부분은 양자 컴퓨터가 해결해야 할 난관이다.

그러나 어느 정도 정답의 후보를 좁힐 수는 있다. 양자 게이트에 조건을 설정하면 대략 선별할 수 있다.

측정하기 전의 중첩 상태를 생각해 보자. 보통 중첩 상태는 모든 답이 나올 가능성이 같은 확률로 존재하는 상태이다. 따라서 가능한 답이 N개라면 그중에서 정확한 답이 나올 확률은 단순히 $\frac{1}{N}$이 된다.

그러나 '10만보다 크다(혹은 작다)', '확률이 0이 나오는 경우가 정해져 있다' 등 정답을 충족하는 조건을 알고 있다면, 이에 해당하는 답만 표시한다. 그렇게 표시된 답(또는 표시되지 않은 답)의 확률을 0으로 만드는 양자 게이트에 통과시킨다. 그러면 게이트를 통과한 답 중 정답이 나올 확률은 게이트를 통과하지 못하고 튕겨 나간 답을 제외한 만큼 높아진다.

예를 들어 $N=10^{10}$일 때, 아무런 조작도 하지 않는다면 정답이 나올 확률은 100억분의 1이지만, 게이트를 통과한 답의 개수가 $\sqrt{N}=10^5$이라면 그중에 정답이 있을 확률은 10만분의 1로 높아진다. 정답을 충족하는 또 다른 조건이 있다면, 그 조건을 만족하는 가능성만 통과할 수 있는 양자 게이트를 추가해서 정답 후보를 더 좁히면 된다.

이를 여러 번 반복하면 서서히 정답에 가까워진다. 그러나 수가 많을수록 정답을 찾아내기까지 오래 걸릴 수밖에 없다.

극히 특수한 문제에서는 양자 컴퓨터가 유일한 정답을 도출하는 계산법이나, 소인수분해와 검색 같은 일부 문제에서 정답의 확률을 높이는 계산법이 개발되었지만, 모든 문제에 적용할 수 있는 방법은 밝혀지지 않았다.

이 때문에 당시에는 이론적인 가능성을 제외하면 양자 컴퓨터가 그리 주목받지 못했다.

 소인수분해를 이용한 RSA 암호의 위기

1994년, 미국의 수학자 피터 쇼어가 양자 컴퓨터로 소인수분해를 수행하는 계산법(쇼어 알고리즘)을 고안하면서 분위기가 바뀌었다. 그리고 1996년에는 인도계 미국인 물리학자 로브 그로버가 양자 컴퓨터를 이용하여 정리되지 않은 데이터베이스에서 특정 데이터를 찾는 검색법(그로버 알고리즘)을 발견했다. 특히 쇼어 알고리즘은 소인수분해가 암호의 안전성과 직접 연관되어 있었기에 사회적으로도 화제가 되었다.

소인수분해는 앞에서 설명했다시피 주어진 수(정확히는 자연수)를 소수의 곱으로 나타내는 방법이다. 소수는 2, 3, 5, 7, 11……처럼 1과 자기 자신 이외의 수로는 나누어떨어지지 않는 수로, '수학계의 원자'라고 할 수 있다.

소수가 무한하게 존재한다는 사실은 이미 기원전 3세기경 고대 그리스의 수학자 유클리드에 의해 증명되었다. 참고로 2024년 10월에는 약 4,100만 자리의 소수($2^{136279841}-1$)가 발견되면서 6년 만에 가장 큰 소수가 갱신되었다.

이처럼 얼핏 보면 아무런 쓸모도 없어 보일지 몰라도, 사실 소인수분해는 오늘날 보안 기업의 기반이 되는 개념이다.

가령 여러분이 인터넷에서 물건을 사고 신용카드로 결제하면 카드 정보가 암호화되어 전송되는데, 암호화 및 암호 해독 과정에 소인수분해가 활용된다. 자릿수가 큰 수를 소인수분해 하기란 사실상 불가능하다는 원리 덕분이다.

이 성질을 이용하여 앨리스가 밥에게 약속 장소와 시간을 보낸다고 해 보자. 밥은 큰 소수 p와 q를 고르고, 이를 곱하여 더 큰 수 n을 만든 다음($p \times q = n$) 앨리스에게 전송한다(그림 31).

앨리스는 n을 이용하여 모종의 방법으로 장소와 시간을 적은 문장을 암호화하고 밥에게 전송한다. 이때 다른 사람에게 들켜도 상관없는 n을 공개 키(public key)라고 한다.

앨리스의 암호를 받은 밥은 다른 사람에게 알려 주지 않은 두 소수 p와 q로 암호문을 풀 수 있다. 이때 p와 q는 밥만 알고 있으므로 비밀 키(private key)라고 한다.

위 설명은 매우 단순하게 풀어 쓴 비유이다. 실제로는 더 복잡하

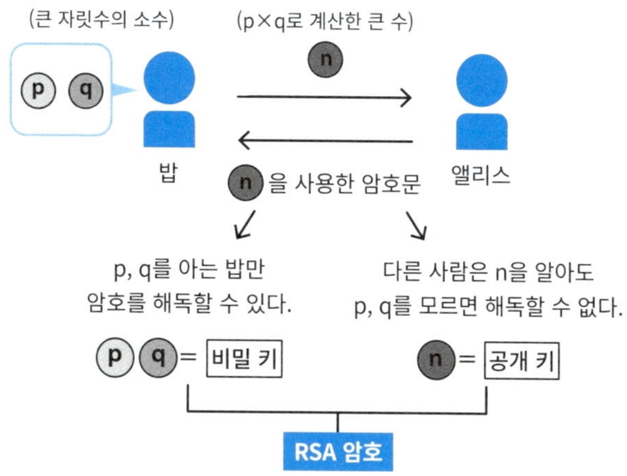

고 수학 지식을 활용해야 하지만, 요점은 암호를 만드는 열쇠와 이를 해독하는 열쇠가 서로 다르다는 점이다. 암호화된 신용카드 정보(공개 키)를 결제 과정에서 누군가가 훔쳐보더라도 비밀 키가 없으면 해독할 수 없다.

위와 같이 소인수분해를 활용한 암호 방식을 고안한 인물은 미국의 로널드 리베스트와 아디 샤미르, 레너드 애들먼이다. 세 사람의 이름 앞 글자를 따 RSA 암호라고 불리는 이 암호 방식은 1977년에 만들어졌으며, 현대 사회의 정보 보안을 유지하는 기반이다.

RSA 암호는 큰 수를 소인수분해 하는 데 비현실적인 시간이 걸린다는 점을 대전제로 하는데, 만약 양자 컴퓨터가 수백 자리의 수를 빠르게 소인수분해 할 수 있다면 RSA 암호는 순식간에 해독될 것이다.

그러나 앞에서도 설명했다시피 이를 실현하려면 방대한 선택지 중에서 정답을 선별해야 한다. 1990년대 초까지는 상식적으로 힘든 일이었기에 당시 사람들은 양자 컴퓨터를 그리 위협적으로 받아들이지 않았다.

그런 분위기 속에 쇼어 알고리즘이 등장했다. '알고리즘'은 정답을 찾는 순서라고 보면 되는데, 쇼어 알고리즘은 아무리 큰 수라도 기존 방식과는 비교도 안 될 만큼 빠르게 소인수분해를 할 수 있는 순서를 제시했다. 따라서 충분히 큰(큐비트를 많이 가진) 양자 컴퓨터라면 RSA 암호를 해독할 수 있었기에, 쇼어 알고리즘의 발표는 전 세계를 충격에 빠뜨렸다.

 양자 암호의 시대가 온다

2001년에는 7큐비트의 양자 컴퓨터가 쇼어 알고리즘으로 15를 소인수분해 하는 데 성공했다. 15의 소인수분해는 간단하므로 그 자체는 그리 놀랄 만한 일이 아니지만, 쇼어 알고리즘을 사용한 양자 계산(양자 게이트를 사용한 계산)이 실제로 가능하다는 사실이 증명되었다는 점이 중요하다.

소인수분해를 활용한 암호의 안전성을 위해서는 300자리 이상의 수를 사용하는 것이 권장되며, 현재 양자 컴퓨터의 성능은 21을 소인수분해 할 수 있는 정도에 불과하므로 아직 RSA 암호가 파훼될 걱정은 하지 않아도 된다. 그러나 양자 컴퓨터 연구가 나날이 진전되고 있다는 점도 간과해서는 안 된다. RSA 암호가 무력화될 날이 그리 머지않았을지도 모른다.

그 전에 새로운 암호화 기술이 개발되어야 하는 상황에서 양자 암호가 등장했다. 지금까지 알아봤듯이 관측한 순간 중첩 상태가 붕괴하는 양자역학의 특징을 사용하여 절대로 도청할 수 없게 만든 암호이다.

RSA 암호의 안전성을 위협하는 것도, 궁극의 암호 기술을 만드는 것도 모두 양자역학 기술이다. 양자의 시대는 이미 우리의 코앞에 닥쳤다고 해도 과언이 아니다.

 조합 최적화 문제 해결에 적합한 양자 어닐링

지금까지 설명한 양자 컴퓨터는 양자 게이트 방식으로 분류되는데, 기존 컴퓨터에서 직접 확장된 방식이며 원리적으로 어떤 계산이든 가능하다. 한때 양자 컴퓨터라고 하면 양자 게이트 방식을 가리켰다.

그런데 2007년 캐나다의 D-Wave에서 일본의 가도와키 다다시

와 니시모리 히데토시가 1998년에 제안한 **양자 어닐링 방식의 양**
자 컴퓨터를 실용화하는 데 성공했다.

어닐링(annealing, 풀림)이란 원래 금속을 가열했다가 냉각함으로
써 소재의 조직을 자연스럽게 균일화하는 열처리 기술을 가리킨
다. 일반적으로 어떤 계(시스템)가 안정적으로 있을 수 있는 상태
는 다수 존재하며, 각 상태는 특정 수준의 에너지를 가지고 있다.
그리고 에너지가 낮을수록 더 안정적이다(2장에서 소개한 보어의 원
자 모형에서도 전자는 가장 에너지가 낮은 궤도에서 안정적으로 존재한다).
따라서 안정적인 상태가 된 계의 온도를 올려 일단 불안정한 상
태로 만든 다음 온도를 서서히 낮추면 전보다 더 온도가 낮고 에
너지도 더 안정적인 상태로 만들 수 있다.
이를 양자역학에 응용한 기술이 양자 어닐링이다.

양자 어닐링은 외판원 순회 문제처럼 **방대한 선택지 중에서 최선의**
선택지를 고르는 문제(조합 최적화 문제)**를 해결하기 위해 고안된 방법**
이다.
외판원 순회 문제를 보면, 방문 순서에 따라 달라지지만 모든 도
시를 한 번씩 방문하고 돌아올 때의 이동 거리를 식으로 나타낼
수 있다. 엄밀히 말하면 조금 다르지만, 이 식은 물리학에서 잘
알려진 자석의 양자역학적 모형인 이징 모형의 에너지와 형태가
유사하다.

이징 모형은 자석을 마이크로 자석의 집합체로 취급하는데, 마이크로 자석은 위 방향과 아래 방향의 전자스핀을 가리킨다. 여기서는 마이크로 자석으로 부르기로 한다. 온도가 높을 때는 마이크로 자석의 위 방향과 아래 방향이 뒤섞여 있지만, 온도가 내려가면 모두 같은 방향으로 정렬되어 하나의 자석이 된다. **가열했다가 다시 냉각하여 마이크로 자석이 되는 형태가 풀림과 유사**하므로 같은 식으로 나타낼 수 있다.

즉, 양자 어닐링이란 조합 최적화 문제를 양자역학 모형으로 치환해서 푸는 방식이다.

 양자 컴퓨터의 현 상황 ① : 어떤 방식으로 큐비트를 구현할까?

현재 양자 컴퓨터는 크게 양자 게이트 방식과 양자 어닐링 방식, 두 종류로 나뉜다. 양자 게이트 방식은 범용적인 계산에 대응하는 만능형이다.

한편, 자석의 양자역학 모형으로 치환되는 최적화 문제에 특화된 양자 어닐링 방식은 만능이 아니며, 간단한 문제에만 적용할 수 있다는 한계가 있다. 게다가 기존 컴퓨터보다 계산 속도가 빠른지도 확실하지 않다.

【양자 컴퓨터의 두 가지 유형】

양자 게이트 방식=만능형

양자 어닐링 방식=조합 최적화 문제에 특화

IBM과 구글 같은 대기업이 만능형인 양자 게이트 방식 양자 컴퓨터를 개발하는 이유도 이 때문이다. 그러나 양자 게이트 방식에도 극복해야 할 문제가 산더미처럼 남아 있다.

큐비트는 양자 컴퓨터의 기본 요소이지만, 어떤 구현 방식이 가장 좋은지는 확립되지 않았다. 큐비트는 0과 1, 혹은 온-오프처럼 두 상태가 임의의 확률로 중첩되어 있다. 기업이나 연구 기관은 각자 독자적인 큐비트를 채택했는데, 그중 두 가지를 소개하고자 한다.

(1) 여러 유형의 큐비트 중 가장 많이 개발된 방식은 초전도 회로 방식이다. 초저온에서 냉각하여 전기 저항을 0으로 만든 링에 자기장을 가하여 시계 방향 또는 반시계 방향의 전류를 흘림으로써 0과 1에 대응시키는 방식이 대표적이다.

이미 확립되어 있어 비교적 간단하며 소형화·집적화도 쉽다. 그러나 한편으로는 뒤에서 설명할 중첩 상태를 붕괴시키는 결어긋남이 잘 일어나고, 절대 영도에 가까운 온도까지 낮출 냉동기가 필요하므로 부피를 많이 차지하게 된다.

(2) 최근에는 광자를 큐비트로 사용하는 광자 방식이 주목받고 있다. 광자는 진행 방향에 수직인 전기장과 자기장의 진동인데, 이 진동은 어떤 방향에 대한 가로 방향과 세로 방향이 중첩된 상태이다(4장 그림 21 참조). 그러므로 만약 가로 방향이 1, 세로 방향이 0이라면 그대로 큐비트로 사용할 수 있다.

광자를 큐비트로 사용하면 자연스레 중첩 상태가 만들어지므로 결어긋남이 잘 일어나지 않고, 장비를 극저온으로 만들 필요가 없어 비교적 취급이 쉽다는 장점이 있다. 그러나 광자끼리는 상호 작용이 거의 일어나지 않으므로 광 큐비트로 다양한 종류의 연산을 잘 수행할 수 있을지도 의문이다.

그 밖에도 냉각 원자 방식, 이온 트랩 방식, 실리콘 방식 등 여러 종류가 있으며, 실제로 큐비트를 구현하는 데 시범적으로 사용된 바 있다. 모두 연구가 진행되고 있지만, 어떤 방식이 가장 유망한지는 아직 결론이 나오지 않았다.

 양자 컴퓨터의 현 상황 ② : 실용화에는 오류 정정 기술의 발전이 필수

또 다른 문제는 어떻게 큐비트를 안정적으로 가동하느냐이다. 일반적으로 양자역학적인 상태의 중첩은 주위의 영향을 받으면 붕괴하고 만다. 큐비트가 많을수록 조금만 이상이 생겨도 양자 중첩이 붕괴하는 결어긋남(수복 불가능성)이 일어나기 쉽다.

따라서 초전도 방식 양자 컴퓨터를 운용하려면 극저온 상태를 만들어 외부의 영향을 차단해야 한다. 극저온 상태란 전기 저항이 없는 상태, 즉 초전도 상태를 의미하며 절대 영도(-273℃. 원자와 분자의 운동이 멈추는 온도) 수준의 환경이 목표이다.

그러나 양자 게이트는 외부 노이즈에 매우 취약하여 에러가 발생하기도 한다. 기존 컴퓨터에서도 0이 1로 바뀌거나 1이 0으로 바뀌는 에러가 발생하는데, 다음과 같이 비교적 간단하게 바로잡을 수 있다.

고전 비트 1개를 복제하여 동일한 고전 비트 3개를 준비한다. 한 게이트를 통과했을 때 0이 나온다면, 에러가 발생하지 않는 한 비트 3개 모두 0이 된다. 그러나 (에러가 동시에 2개 발생할 확률은 낮다고 가정했을 때) 에러가 발생하면 그중 하나가 1이 된다. 따라서 고전 비트에서는 에러가 발생해도 3개 중 2개가 0이 나오면 다수결로 정답을 0으로 만들면 된다.

그러나 큐비트는 그렇게 단순하지 않다. 0이 1로 바뀌는 에러뿐만 아니라 중첩 상태가 바뀌는(0 상태와 1 상태의 비율이 바뀌는) 에러도 있다.

그리고 고전 비트와 달리 큐비트는 복제할 수 없다. 이를 복제 불가능성 정리라고 하며, 복제하려 하면 원래 상태가 파괴되어 버린다. 애초에 복제할 수 있었다면 양자 텔레포테이션을 고려할 필요도 없었을 것이다.

양자 세계에서는 원리적으로 상태를 복제할 수 없다. 그것이 양자 세계의 법칙이다. 따라서 기존 컴퓨터처럼 각 큐비트와 완전히 동일한 큐비트를 준비할 수도 없다.

그러므로 에러를 정정하려면 단순히 큐비트를 늘리는 것만으로는 부족하다. 큐비트를 복제할 수는 없지만, 양자 얽힘 관계인 큐비트를 여러 개 준비해서 2개씩 관계를 측정함으로써 에러를 정정하는 방법이 등장했다. 이 경우 에러를 완전히 바로잡으려면 3개로는 부족하고, 큐비트를 최소 5개 준비해야 한다.

에러를 정정하는 방법은 물리적으로 어떤 양자 게이트를 사용하느냐에 따라서도 다른데, 큐비트를 늘려도 여전히 양자 얽힘 상태는 필요하다. 큐비트가 많으면 많을수록 비트 사이의 양자 얽힘 상태가 노이즈에 취약해지므로 지금의 양자 컴퓨터로는 실현할 수 없다.

에러 정정 방안까지 갖춘 실용적 양자 컴퓨터를 만드는 데는 100만 큐비트가 필요할 것으로 예상된다. IBM은 2023년에 1,121큐비트, 2025년에 4,000큐비트 이상을 목표로 설정했다. 그 밖에 구글을 비롯한 전 세계의 기업들도 개발 경쟁에 뛰어들었다.

7장

블랙홀을 양자역학으로 규명하다

21세기에 들어 아무 상관 없는 줄 알았던 양자역학과 중력이 사실 밀접한 관계임이 밝혀졌다. 연구는 지금도 진행 중이고 아직 완성되지 않았지만, 어쩌면 우리는 새로운 물리학의 등장을 목격하게 될지도 모른다.

이번 장에서는 양자역학과 중력의 관계를 알아보자. 그 첫 번째 단계는 블랙홀과 양자역학의 관계이다. 블랙홀은 중력 문제를 고찰하기에 안성맞춤인 주제이다.

 상대성 이론으로 고찰한 블랙홀: 공간 자체가 낙하하다

블랙홀은 중력이 굉장히 세서 빛조차 빠져나올 수 없는 시공간 영역이다. 시공간이라는 용어는 상대성 이론을 알면 익숙할 텐데, 명확하게 다른 개념인 시간과 공간(3차원)을 상대성 이론에서는 별개로 보지 않고 4차원 시공간으로 아울러 부른다.

질량이 태양의 30배인 항성은 수명이 끝날 때 초신성이라는 대폭발을 일으킨다. 그 과정에서 중심부의 철 덩어리가 중심으로 사정없이 짜부라지면 중력이 커지면서 블랙홀이 만들어진다.

중력이 없는 무한 원점(평행한 직선이 무한히 먼 어떤 점에서 만난다고 할 때, 두 직선이 만나는 점-옮긴이)에서 블랙홀의 표면(사건의 지평선)을 바라보면 바깥쪽으로 향하는 빛(블랙홀에서 빠져나오려는 빛)의 속

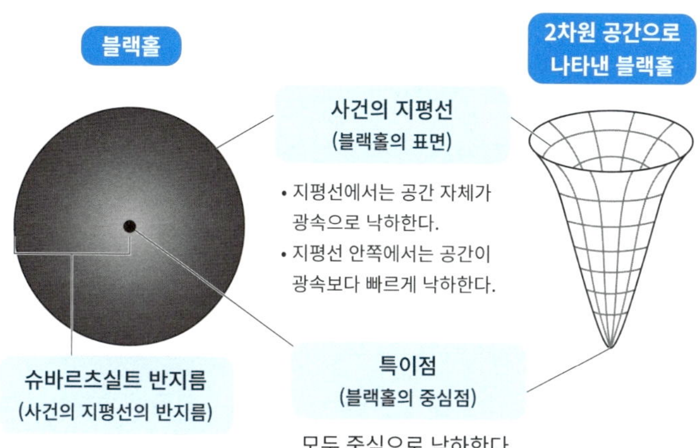

도는 0이므로, 빛은 바깥으로 빠져나올 수 없다(그림 32).

한편, 블랙홀 표면의 안쪽에서는 바깥쪽으로 쏜 빛마저 내부로 향하게 된다. 어떤 물체든 빛의 속도를 뛰어넘을 수 없으므로 블랙홀에 빨려 들어간 물체는 같은 자리에 멈춰 있지도 못하고 중심을 향해 한없이 떨어진다.

일반 상대성 이론에서는 이 현상을 다음과 같이 설명한다. 블랙홀의 표면에서는 공간 자체가 광속으로 낙하하고, 블랙홀의 내부에서는 광속보다 빠르게 낙하한다. 빛은 공간에서 항상 일정한 속도(초속 약 30만 km)로 움직이므로 바깥쪽으로 향하는 빛이 표면에서는 그 자리에서 멈춘 것처럼 보이고, 표면 안쪽에서는 블랙홀 내부로 향하는 것처럼 보인다.

따라서 블랙홀로 낙하하는 물체는 무엇이든 중심을 향해 한없이 낙하하고 밀도가 무한대로 커지므로 시공간의 개념 자체가 무너지고 만다. 이 상황을 특이점이라고 한다.

1964년, 영국의 수학자 로저 펜로즈는 중력의 근원이 되는 물질의 에너지가 플러스라는 조건이 성립한다면 블랙홀 내부에서 반드시 특이점이 출현한다는 사실을 증명했다.

질량이나 운동 에너지처럼 우리가 아는 물질의 에너지는 모두 플러스이므로 이 조건은 대체로 타당하다. 즉, 일반적인 물질이 짜부라져 블랙홀이 만들어지면 그 중심에는 특이점이 존재한다는 사실이 증명된 것이다.

 태양보다 100억 배 큰 초대질량 블랙홀

블랙홀을 굉장히 복잡한 천체로 생각하는 사람도 있겠지만, 사실 블랙홀은 매우 단순한 천체이다. 질량, 각운동량, 전하 등 성질이 단 세 가지밖에 없기 때문이다. 이를 휠러의 말에서 따와 블랙홀의 '털 없음 정리'라고 한다.

각운동량은 물체가 회전하는 힘을 나타낸 물리량이다. 천체는 대부분 플러스 전하를 가진 양성자와 마이너스 전하를 가진 전자가 같은 수만큼 존재하므로, 전체적인 전하는 0이다. 따라서 실제로 우주에 존재하는 블랙홀의 성질은 질량과 각운동량뿐이라고 해도 무방하다.

여기서는 쉽게 설명하기 위해 질량만 있는 블랙홀을 생각해 보자. 이 블랙홀은 중력의 법칙인 일반 상대성 이론의 기초 방정식(아인슈타인 방정식)을 최초로 푼 과학자의 이름을 따 슈바르츠실트 블랙홀이라고 부른다.

슈바르츠실트 블랙홀은 질량만으로 크기가 결정되고, 질량 대비 반지름(슈바르츠실트 반지름)이 매우 작다. 예를 들어 **태양과 질량이 비슷한 블랙홀의 반지름은 겨우 3km**인데, 반지름이 이보다 작은 천체는 블랙홀이 된다. 태양의 반지름은 약 70만 km이므로, 질량을 유지하면서 크기가 지금의 230만분의 1로 줄면 블랙홀이 된다.

이 신비한 천체는 1960년대에 실제로 존재하는 것으로 밝혀졌다. 거대한 질량의 별이 폭발하면서 만들어진 블랙홀의 질량은 태양 질량의 약 10배인데, 우리은하 중심에는 태양의 약 400만 배에 이르는 블랙홀도 존재한다.

여기서 끝이 아니다. **질량이 무려 태양의 100억 배나 되는 초대질량 블랙홀도 존재한다.** 이러한 초대질량 블랙홀도 슈바르츠실트 반지름은 약 300억 km에 불과하다. 태양계 가장 바깥을 도는 행성인 해왕성은 태양으로부터 약 45억 km(0.000476광년) 떨어져 있으므로 슈바르츠실트 반지름은 태양과 해왕성 사이의 거리보다 약 6.7배 큰 셈이다.

 ## 서로 닮은 두 물리 법칙 : 블랙홀 역학 제2 법칙과 엔트로피 증가 법칙

블랙홀의 시공간 구조는 일반 상대성 이론으로 나타낼 수 있는 만큼 어떻게 보면 매우 단순하다. 그리고 블랙홀이 따르는 법칙도 매우 간결한데, 그중 하나는 블랙홀 역학 제2 법칙(호킹의 면적 정리)이다. 간단히 말해 블랙홀이 합쳐지는 등 어떤 상황에서도 표면적은 감소하지 않는다는 법칙이다. 이 법칙을 따르므로 블랙홀은 합쳐질지언정 분열하지는 않는다.

블랙홀 역학 제2 법칙은 기본적으로 중력이 인력이라는 전제를 바탕으로 한다. 일반적인 물리 법칙은 A=B라는 방정식으로 표현되는데, 블랙홀 역학 제2 법칙은 $S \geq 0$이라는 부등식으로 표현된다(S는 표면적).

이는 이 법칙이 기본적인 자연법칙이 아니라, 어떠한 조건을 만족했을 때만 성립하는 법칙임을 시사한다.

그리고 물리학에는 부등식으로 나타내는 법칙이 유일하게 하나 더 있다. 바로 열역학 제2 법칙, 다른 말로 엔트로피 증가 법칙이다.

열역학은 열의 이동과 그에 동반되는 일을 연구하는 물리학 분야이다. 가령 연료를 태워 일을 할 때의 효율(연료를 얼마나 태우면 일을 얼마나 할 수 있는가)을 구하거나, 얼음에서 물이 되고 물에서 수증기가 될 때의 상태 변화를 연구하는 등 일상생활과 밀접한 관련이 있다. 냉장고와 에어컨의 원리도 열역학으로 설명할 수 있다. 열의 본질은 원자와 분자 등 물질을 구성하는 미시 입자의 운동이지만, 열역학은 연구할 때 미시 세계의 지식을 일절 활용하지 않고 압력, 부피, 온도 등 우리의 감각으로 이해할 수 있는 거시적 물리량만을 활용한다는 점이 큰 특징이다.

물론 거시적인 물리량과 미시 입자 사이의 관계를 연구하는 것도 중요하다. 이를 연구하는 통계역학, 그리고 두 분야를 함께 다루는 통계열역학도 있다.

열역학 제2 법칙은 열의 이동을 다루는 열역학의 대표적인 법칙인데, 한마디로 '열은 뜨거운 곳에서 차가운 곳으로 이동한다'라는 어찌 보면 당연한 현상을 설명하는 내용이다. 뒤에서 다루겠지만, 이 당연한 현상은 사실 거시 세계와 미시 세계를 잇는 중요한 열쇠이다.

참고로 열역학 제1 법칙은 상태가 변해도 에너지는 변하지 않는다는 내용이다.

'엔트로피'는 뒤에서 자세히 알아보기로 하고, 지금은 에너지를 사용하기 쉬운 정도 혹은 에너지의 질을 나타내는 지표 정도로 생각하자.

친숙한 예시로 '에너지의 질'이 무엇인지 알아보자. 열이 통하지 않는 용기에 물이 들어 있다고 해 보자. 첫 번째 용기에는 온도가 약 50℃인 물 1kg이 들어 있다. 두 번째 용기에는 열이 통하지 않는 벽이 가운데에 설치되어 있고, 온도가 90℃인 뜨거운 물과 10℃인 차가운 물이 각각 500g씩 들어 있다(그림 33).

두 상태는 에너지가 같지만[엄밀히 따지면 온도에 따라 물의 비열(물질 1g의 온도를 1℃ 높이는 데 필요한 열량)이 미세하게 다르므로 에너지가 완전히 같지는 않지만, 여기서는 같다고 가정한다], 결정적으로 다른 점이 있다.

첫 번째 상태에서는 아무런 변화도 일어나지 않는다. 용기 안의 물은 절대 저절로 뜨거운 물과 차가운 물로 나뉘지 않는다. 한편, 두 번째 상태는 가운데 벽을 치우면 뜨거운 물과 차가운 물이 섞이면서 첫 번째 상태와 같아진다.

즉, **에너지가 같아도 변화가 일어나는 경우와 일어나지 않는 경우가 있다.** 이를 열역학에서는 열을 가진 상태가 에너지 이외에 엔트로피라는 양도 가지고 있으며, **반드시 엔트로피가 낮은 상태**(뜨거운 물과 차가운 물로 나뉜 상태)**에서 엔트로피가 높은 상태**(물의 온도가 일정한 상태)**로 변화한다**고 설명한다.

뜨거운 물과 차가운 물이 섞이는 과정에서의 물의 운동을 이용하면 무언가를 움직일 수 있다. 이는 엔트로피가 낮은 상태는 어

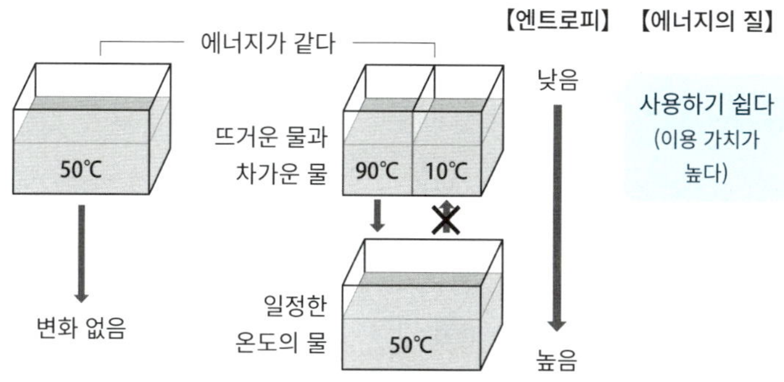

엔트로피가 낮은 상태에서 높은 상태로 변한다
=
열은 뜨거운 상태에서 차가운 상태로 이동한다(열역학 제2 법칙)

딘가에 이용할 수 있다는 뜻이고, 달리 말하면 에너지가 같은 상태라도 엔트로피가 낮은 상태 쪽이 이용 가치가 높다고 볼 수 있다. 그런 의미에서 엔트로피는 '에너지의 질'이나 다름없다.

블랙홀 역학 제2 법칙과 엔트로피 증가 법칙은 중력과 열역학이라는 전혀 다른 분야에서 부등호로 나타낸 법칙이라는 점에서 형태가 비슷하다는 공통점이 있다. 하지만 어쩌면 둘 사이에는 본질적인 관계가 숨어 있을지도 모른다.

 # 엔트로피의 정체는 거시 상태에 대응하는 미시 상태의 수

1972년, 이스라엘의 물리학자 제이콥 베켄슈타인은 블랙홀 역학 제2 법칙과 엔트로피 증가 법칙의 유사성에 초점을 맞춰 블랙홀이 실제로 엔트로피를 가지고 있다고 생각했다. 그리고 블랙홀이 엔트로피를 가지고 있다는 그의 발상이야말로 일반 상대성 이론을 뛰어넘어 중력의 진정한 정체, 그리고 시공간 자체의 정체를 밝히는 첫걸음이었다. 이 부분은 다음 장에서 알아보기로 하자.

베켄슈타인의 생각을 이해하기 위해 다시 한번 물을 예시로 들어 엔트로피의 의미를 생각해 보자.

열역학은 거시적인 현상만 다루지만 우리는 물이 눈에 보이지 않는 막대한 미시 분자로 이루어져 있다는 사실을 알고 있다. 물 분자는 쉴 새 없이 운동하고 있는데, 거시적인 열역학 현상은 미시적인 물 분자의 운동으로 설명된다. 가령 우리가 느끼는 온도는 물 분자 하나하나의 운동 에너지를 평균화한 값이다.

【거시】		【미시】
물	=	막대한 물 분자의 집합
열역학 현상	=	물 분자의 운동으로 설명

온도처럼 물 분자 하나하나의 운동을 지정하지 않고 평균적인 양으로 나타낸 상태를 '거시적 상태량'이라고 한다. 엔트로피도 거시적 상태량이다. 그리고 거시적 상태량으로 표현되는 상태를 '거시 상태'라고 한다.

그렇다면 미시 상태로는 엔트로피를 어떻게 설명할 수 있을까? 이를 설명하려면 거시 상태와 한 쌍을 이루는 미시 상태를 생각해야 한다. 미시 상태란 물 분자 하나하나의 상태를 가리키며, 전체 상태를 나타낸다. 따라서 1개를 제외한 모든 물 분자의 운동 상태가 같더라도 2개의 서로 다른 미시 상태로 본다. 겨우 물 한 방울에도 물 분자가 10^{23}개나 들어 있으니 물 한 방울을 나타내는 미시 상태의 수는 상상을 초월할 정도로 많다.

수가 지나치게 크면 번거로우므로 미시 상태와 거시 상태의 대응을 전구에 빗대어 간단하게 설명해 보자(그림 34).

전구 10개가 모여 하나의 거대한 광원을 이루는데, 이 광원이 10개의 전구로 이루어져 있다는 사실을 알 수 없을 만큼 먼 거리에서 빛을 본다고 가정해 보자. 이 광원의 거시 상태는 빛의 밝기, 즉 10개의 전구 중 불이 켜진 전구의 수를 나타낸다. 따라서 거시 상태의 수는 불이 하나도 켜지지 않은 상태부터 10개 전부 불이 켜진 상태까지 총 11개이다.

한편, 미시 상태는 불이 켜진 전구를 하나하나 구분하는 상태이

그림 34 엔트로피의 정체

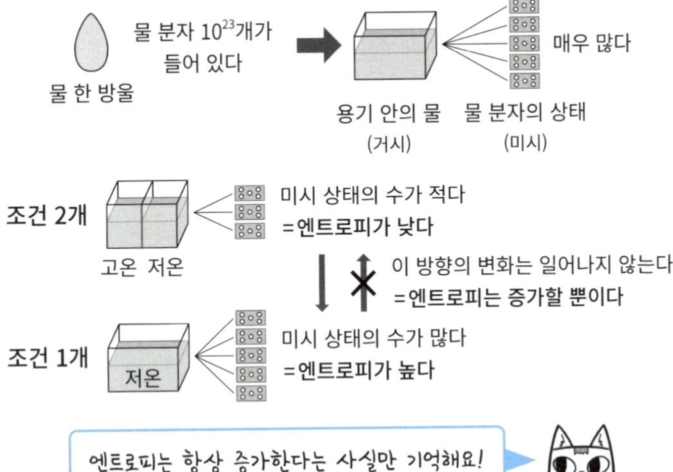

전구로 알아본 거시 상태와 미시 상태

전구 10개가 켜지는 방식의 가짓수를 생각한다.

거시 상태의 수

미시 상태의 수

1 ▶ 깜깜하다
2 ▶ 전구 1개의 밝기
3 ▶ 전구 2개의 밝기
4 ▶ 전구 3개의 밝기
5 ▶ 전구 4개의 밝기
6 ▶ 전구 5개의 밝기
⋮
11 ▶ 전구 10개의 밝기

전구 0개=1
전구 10개 중 1개=10
전구 10개 중 2개=45
전구 10개 중 3개=120
전구 10개 중 4개=210
전구 10개 중 5개=252
⋮
전구 10개=1

잘 일어나지 않는다
=엔트로피가 낮다

매우 잘 일어난다
=엔트로피가 높다

잘 일어나지 않는다
=엔트로피가 낮다

거시 상태의 합계=11

미시 상태의 합계=1,024

엔트로피=거시 상태에 대응하는 미시 상태의 수

조건이 1개일 때 엔트로피가 높다

뜨거운 물과 차가운 물의 예시로 알아보기

물 한 방울

물 분자 10^{23}개가 들어 있다

매우 많다

용기 안의 물
(거시)

물 분자의 상태
(미시)

조건 2개

고온 저온

미시 상태의 수가 적다
=엔트로피가 낮다

이 방향의 변화는 일어나지 않는다
=엔트로피는 증가할 뿐이다

조건 1개

저온

미시 상태의 수가 많다
=엔트로피가 높다

엔트로피는 항상 증가한다는 사실만 기억해요!

다. 따라서 이 경우에는 **총 2^{10}개, 즉 1,024개**의 상태가 존재한다.

거시 상태에 대응하는 미시 상태의 예를 몇 가지 들어 보자. 모든 전구가 꺼져 있어 깜깜한 상태는 미시 상태에서는 10개 전부 꺼져 있는 한 가지밖에 없다.

전구 1개 밝기의 거시 상태에 대응하는 미시 상태의 수는 10개 중 1개가 켜진 상태이므로 총 10개이다.

전구 2개 밝기의 거시 상태에 대응하는 미시 상태의 수는 10개 중 2개를 골라야 하므로 45개, 불이 켜진 전구가 3개라면 10개 중 3개를 골라야 하므로 120개의 상태가 있다.

거시 상태에 대응하는 미시 상태의 수는 전구가 5개 켜졌을 때 252개로 가장 크고, 이후로 점점 감소한다. 모든 전구가 켜져 가장 밝은 거시 상태에 대응하는 미시 상태는 1개이다.

전구가 10개일 때는 이 정도이지만 20개가 되면 거시 상태는 21개, 미시 상태는 약 100만 개까지 늘어난다.

그렇다면 밝기에 대한 거시 상태의 엔트로피와 미시 상태는 어떤 관계일까? 전구 10개가 제각기 깜박인다고 해 보자.

멀리서 보면 불이 어두워졌다가 밝아지는 것처럼 보일 것이다. 팟 하고 꺼지거나 눈부실 만큼 밝게 빛나기도 할 테지만 그럴 일은 매우 드물다. 1,024개의 미시 상태 중 전부 꺼진 상태와 가장 밝은 상태는 겨우 2개밖에 없기 때문이다. 중간 밝기의 거시 상태에서 가장 어두운 거시 상태나 가장 밝은 거시 상태로 바뀌는 일은 거의 없다.

반대로 가장 어두운 거시 상태나 가장 밝은 거시 상태가 되면 이후에는 중간 밝기로 바뀔 것이다. 전구 5개가 켜졌을 때의 미시 상태가 252개로 가장 많기 때문이다.

그러므로 거시 상태의 엔트로피를 각 거시 상태에 대응하는 미시 상태의 수로 정의하면, **전구가 5개 켜졌을 때의 엔트로피가 가장 크다.** 불이 아예 켜지지 않은 거시 상태나 가장 밝은 거시 상태처럼 미시 상태의 가짓수가 적은 상태로 바뀌는 일은 극히 드물고, 중간 밝기의 거시 상태로 바뀌는 경우가 많으므로 **거시 상태는 엔트로피가 높은 상태로 바뀌는** 셈이다[정확히 따지면 거시 상태의 엔트로피는 대응하는 미시 상태의 수의 로그(logarithm)에 비례한다].

거시 상태에 대응하는 미시 상태의 수가 바로 엔트로피의 정체이다. 위 예시에는 전구가 10개밖에 없으므로 5분 정도 지켜보면 엔트로피가 감소하는(새까매지거나 눈부시게 밝아지는) 변화도 관찰할 수 있다. 그러나 미시 입자의 수(위 예시에서는 전구)가 많을수록 엔트로피가 감소하는 변화는 잘 일어나지 않게 된다.

앞에서 살펴본 물의 예시를 생각하면, 겨우 한 방울의 물에도 10^{23}개의 물 분자가 들어 있으므로 이에 대응하는 미시 상태의 수는 셀 수조차 없을 만큼 많다. 그리고 미시 상태가 많으면 거시 상태에서 엔트로피가 감소하는 방향의 변화는 절대 일어나지 않는다. 물리 법칙으로 금지된 게 아니라 통계적으로 일어날 확률이 0에 가깝다는 뜻이다. 이것이 엔트로피 증가 법칙에 담긴 의미이다. 뜨거운 물과 차가운 물의 예시로도 생각해 보자.

온도가 일정한 물의 엔트로피와 고온과 저온으로 나뉜 상태의 엔트로피를 비교하면, 한 가지 조건(여기서는 온도)으로 결정되는 거시 상태와 두 가지 조건으로 결정되는 거시 상태에 각각 대응하는 미시 상태의 수를 비교하게 된다.

즉, 미시 상태의 선택 방식은 거시적인 조건에 의해 제한된다. 제한이 많을수록 선택의 자유도가 감소하므로 이를 만족하는 미시 상태도 적어진다.

- 조건 1개＝미시 상태가 수가 많다＝엔트로피가 높다
- 조건 2개＝미시 상태의 수가 적다＝엔트로피가 낮다

조건이 많은 쪽(여기서는 고온과 저온으로 나뉜 쪽)이 엔트로피가 낮다. 따라서 엔트로피가 감소하는 변화, 즉 물이 저절로 고온과 저온으로 나뉘는 일은 일어나지 않는다.

블랙홀의 엔트로피
=알 수 없는 미시 상태의 정보량

지금까지의 설명대로라면 엔트로피라는 양이 존재하기 위해서는 거시 상태에 대응하는 미시 상태가 필요하다. 그렇다면 블랙홀은 어떨까?

베켄슈타인의 주장처럼 블랙홀에 엔트로피가 있다면 물이 물 분자로 이루어진 것처럼 블랙홀도 미시 상태의 무언가로 이루어져 있을 것이다.

그러나 일반 상대성 이론에 따르면 블랙홀의 시공간 구조는 매우 단순해서 미시 상태는 흔적도 찾아볼 수 없었다. 그러므로 블랙홀이 엔트로피가 있다는 생각은 난센스나 다름없었다. 많은 물리학자가 그렇게 베켄슈타인의 주장을 대수롭지 않게 여겼다.

블랙홀 역학 제2 법칙을 증명한 영국의 이론물리학자 스티븐 호킹도 베켄슈타인의 주장에 이의를 제기했다.

그러나 엔트로피를 바라보는 또 다른 관점이 있다. 하나의 거시 상태에 대응하는 미시 상태의 수는 '우리가 알지 못하는 미시 상태의 정보'로도 볼 수 있는데, 그렇다면 거시 상태의 엔트로피는 우리가 알 수 없는 미시 상태의 정보량이라는 뜻이 된다.

따라서 블랙홀에 포함된 정보를 알 수 없다는 의미라면 블랙홀에도 엔트로피가 있다고 베켄슈타인은 생각했다.

단, 주의할 점이 있다. 물체의 부피가 클수록 정보를 많이 가질 수 있으므로 엔트로피가 부피에 비례한다고 생각할지도 모르고, 실제로 엔트로피는 부피에 비례한다. 그러나 블랙홀의 엔트로피는 부피가 아닌 표면적에 비례하므로 블랙홀은 예외이다. 시간이 흐를수록 이 성질의 중요성은 커졌다.

 양자를 공간에 퍼져 있는 장의 진동으로 해석하는 양자장론

호킹은 블랙홀에 엔트로피가 있다는 베켄슈타인의 주장에 반대했지만, 뜻하지 않게 그의 주장을 인정하게 되었다.

1973년부터 호킹은 블랙홀 주위에 양자역학을 적용하는 방법을 고민해 왔다. 원래 블랙홀의 시공간은 일반 상대성 이론으로 유도한 개념이었기에 양자역학과는 아무런 관계도 없었다. 그리고 블랙홀 역학 제2 법칙도 양자역학을 고려한 법칙이 아니었다.

그러나 호킹은 블랙홀이라는 천체 현상을 양자역학으로 해석하고자 했다. 이 이야기를 하기에 앞서 양자장론이 무엇인지부터 짚고 넘어가자.

보통 진공은 물질이 존재하지 않는 공간을 가리킨다. 그러나 양자역학의 진공은 아무것도 존재하지 않고 아무런 변화도 없는 상태가 아니다. 양자역학에서 정의한 진공은 '에너지가 가장 낮은 상태'이다. 이를 바닥 상태라고 하며, 진공을 양자역학으로 설명하는 이론은 양자장론이라고 한다.

양자역학을 간단히 설명하면 양자 1개 혹은 여러 개의 운동(역학)을 설명하는 이론이다. 앞에서 설명한 이중 슬릿 실험도 이에 포함된다. 그러나 입자 수가 달라지거나 종류가 다른 입자로 변하는 현상은 양자역학으로 설명할 수 없다.

이러한 현상을 설명하는 이론이 바로 공간(장)의 성질로 현상을 설명하는 양자장론이다. 양자장론에서는 전자나 광자와 같은 양자를 "그런 입자가 있다"라고 끝내는 대신 "양자는 대응하는 공간 전체에 퍼진 양자장이 요동(진동)치는 에너지가 일정 수준 이상일 때 나타나는 현상"이라고 설명한다.

가령 광자는 광자장이 요동칠 때, 그리고 전자는 전자장이 요동칠 때 나타나는 등 공간에는 각 기본 입자의 장만 존재한다.

장(field)이라는 용어가 어렵다면, 자석 주위에 뿌린 철 가루를 떠올려 보자. 철 가루는 N극과 S극을 연결하는 선(자력선)을 따라 배열된다(그림 35). 철 가루가 가지런히 정렬되는 이유는 눈에 보이지 않는 자기장을 따르기 때문이다.

장론(field theory)에 따르면 자석이 있을 때만 자기장이 만들어지

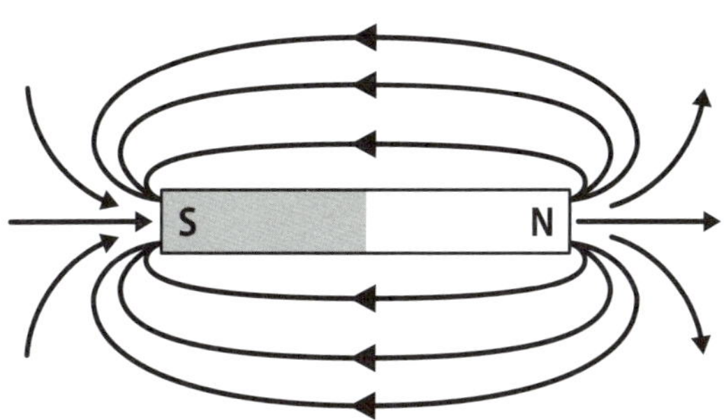

장론의 중심 내용

✕ 자석을 가져다 댔기 때문에 자기장이 생겼다.

◯ 원래 공간(장)에 자기장이 있었고, 자석을 대면 자기장의
형태가 나타난다(정확히는 자기장→전기장).

양자장론의 중심 내용

✕ 전자와 광자를 비롯한 입자가 존재한다.

◯ 공간에는 기본 입자의 장이 존재하고, 그 장의 에너지가
특정 값 이상이면서 불연속적인 값에서 진동할 때 우리
는 전자나 광자 등의 양자로 인식한다.

는 게 아니라 처음부터 공간에 일정한 자기장이 존재하며, 자석을 가까이 대면 자기장이 시각화된다.

조금 더 자세히 설명해 보자. 사실 자기장은 독자적으로 존재하는 게 아니라 전기장과 함께 전자기장이라는 형태로 존재한다. 자석을 가까이 댔을 때 전자기장 중 자기장만 철 가루를 따라 보이게 되었을 뿐이다.

이 전자기장은 양자역학적인 존재이다. 공간의 각 점에서 장이 진동해서 생기는 진동 에너지의 값은 불연속적이라는 뜻이다. 막스 플랑크가 처음 깨달은 바와 같이 에너지는 어떤 값의 배수라는 불연속적인 값만 취할 수 있다. 이 불연속적인 값으로 장이 진동할 때 우리는 현상을 양자로 인식한다. 이것이 양자장론의 기본이다.

정리하면 장의 에너지가 특정 값 이상의 불연속적인 값에서 진동할 때, 우리는 그 현상을 양자로 인식한다.

 진공 요동(영점 진동)

장 에너지의 최솟값은 0이 아니다. 0이 아닌 값에서 진동하는데, 이를 영점 진동이라고 한다. 진공은 아무것도 없는 상태 혹은 에너지가 0인 상태가 아니다. 광자를 비롯한 모든 기본 입자의 장이 영점 진동하는 상태이다.

과학적으로 파고들기 전에, 1장에서 소개했던 전광판의 예시(1장

그림 6 참조)를 들어 장과 진공 상태의 이미지를 다시 살펴보자. 여기서 공간은 전광판이다. 장은 규칙적으로 늘어선 전구 전체이며, 전구에 불이 켜진 상태가 양자이다. 모든 전구에 불이 들어오지 않은 상태가 진공 상태 혹은 바닥 상태인데, 이때 전구에는 매우 희미한 불빛이 항상 들어와 있다. 이 희미한 불빛이 영점 진동이다.

진공 요동이라는 용어를 들어 본 사람도 있을 것이다. 진공 요동이란 이 영점 진동을 의미한다. 영점 진동은 공간 그 자체의 성질이라고 할 수 있다.

 진공에서 끊임없이 일어나는 쌍생성과 쌍소멸

진공 요동을 바라보는 또 다른 관점도 있다. 불이 켜진 상태가 양자라고 했는데, 전구의 불빛은 다른 전구의 불빛이 이동했거나 진공에서 에너지를 받아서 켜진 빛이다.

진공 요동은 현실에서 관측되는 양자를 만들 만큼 큰 에너지를 가지고 있지는 않지만, **가상 입자라는 가상의 양자를 만들 수 있다.** 단, 이 입자는 만들어진 직후에 사라져야 한다. 실제로 관측되지 않기 때문에 가상의 입자이다.

또한, **가상 입자는 1개만 만들 수 없다.** 가상 전자가 만들어지는 상황을 생각해 보자. 전자는 음전하를 띠고 있지만, 아무것도 없는 상태에서 갑자기 음전하를 만들 수는 없다.

물리학에는 어떤 경우에서든 엄밀히 보존되는 양이 존재하는데, 이를 에너지 보존 법칙이라고 한다. '보존'이란, 특정 시점에 측정된 양은 시간이 흘러도 변하지 않는다는 뜻이다.

전하도 에너지 보존 법칙을 따른다. 진공에서 가상의 전자가 순식간에 사라지더라도 1개만 만들어지면 전하가 보존되지 않으므로 실현될 수 없다.

그렇다면 진공 요동에서 가상 전자를 만들 수는 없을까? 답은 '가능하다'이다. 전자와 질량은 같고 반대 전하를 띠는 입자를 동시에 만들면 된다. 이에 해당하는 기본 입자가 실제로 존재한다. 바로 양전자이다. 음전하를 띠는 전자와 양전하를 띠는 양전자를 동시에 만들면 전하의 합은 0이 되어 전하의 보존 법칙을 충족한다(그림 36).

보통 양자에는 질량이 같고 전하를 비롯한 성질이 정반대여서 만나면 무조건 양쪽이 소멸하는 반입자가 존재한다. 양성자의 반입자는 반양성자, 중성자의 반입자는 반중성자이다. 다만 전자의 반입자는 역사적인 내막이 있어 양전자라고 부른다. 광자도 특수한데, 광자의 반입자는 광자이다.

진공 요동으로 입자와 반입자가 만들어지는 현상을 쌍생성, 두 입자가

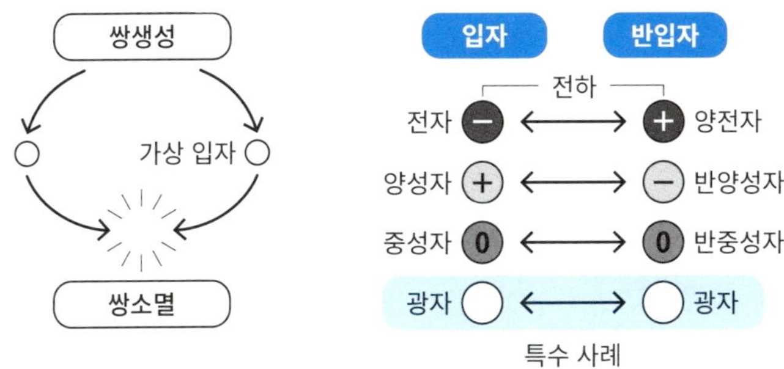

진공에서는 가상 입자의 쌍생성과 쌍소멸이 끊임없이 일어나,
입자와 반입자가 만들어졌다가 사라진다.

=

진공 요동

만나 소멸하는 현상을 쌍소멸이라고 한다.

쌍생성으로 입자-반입자 쌍을 만들더라도 진공 요동의 에너지는 그리 크지 않다. 이 때문에 질량이 큰 입자의 쌍, 즉 입자 쌍이 만들어질 확률은 매우 낮으며, 질량이 없는 광자 쌍은 대부분 만들어졌다가 쌍소멸로 사라진다.

양자장론에서 **진공은 이러한 쌍생성과 쌍소멸이 끊임없이 일어나는 상태**를 가리킨다.

 ## 진공에서 생겼다가 사라지는 양자 얽힘

지금까지 분량을 할애해서 양자장론을 설명한 이유는 이것이 블랙홀의 엔트로피와 관계가 있기 때문이다. 그 전에 마지막으로 광자 스핀도 짚고 넘어가고자 한다. 4장에서 CHSH 부등식을 설명할 때 편광과 함께 다뤘는데, 광자 스핀은 양자 얽힘을 다룰 때 빼놓을 수 없을 만큼 중요한 성질이다.

스핀에 대한 이해를 돕기 위해 우선 편광부터 설명해 보자(그림 37).

빛(전자기파)은 진행 방향에 수직 방향으로 전기장과 자기장이 강해졌다가 약해졌다가 진동하며 공간을 가로지르는 현상이다. 태양 빛은 진동 방향이 다양한 빛들이 섞여 있으므로 전체적으로는 전기장과 자기장이 특정 방향으로 진동하지는 않는다. 이러한 빛을 무편광이라고 한다.

한편, 진행 방향에 따라 진동이 시계 방향이나 반시계 방향으로 회전하는 빛도 있는데, 이러한 빛을 원형 편광이라고 한다. 그리고 특정 방향으로만 진동하는 직선 편광도 있다.

이제 스핀을 설명할 차례이다. 양자역학 특유의 성질인 스핀은 광자의 진행 방향을 기준으로 한 시계 방향 또는 반시계 방향 회전으로

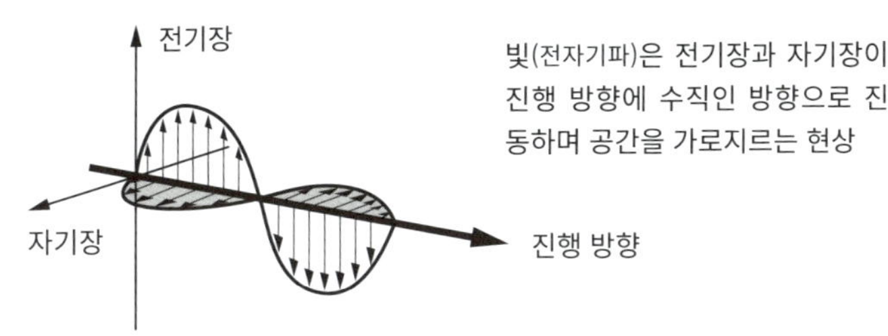

빛(전자기파)은 전기장과 자기장이 진행 방향에 수직인 방향으로 진동하며 공간을 가로지르는 현상

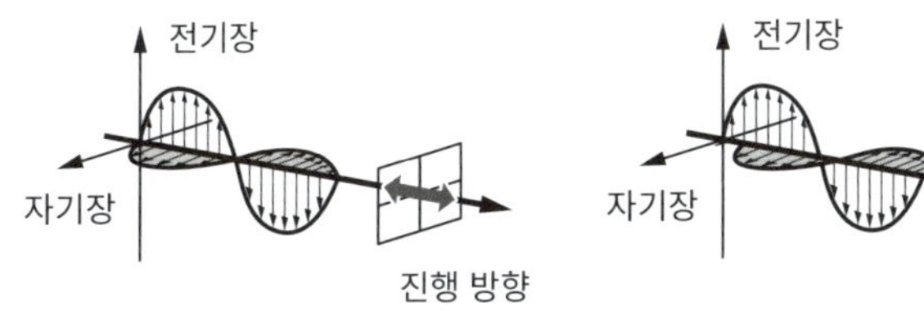

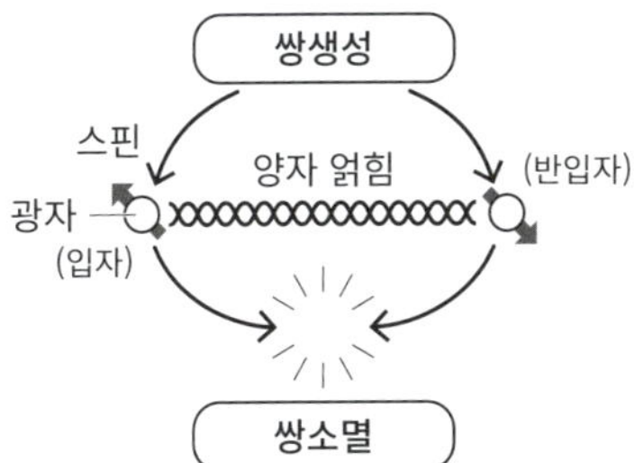

쌍생성으로 만들어진 두 광자(입자와 반입자)는 서로 반대 방향의 스핀을 가지고 있으므로 쌍소멸한다. 진공에서는 쌍생성과 쌍소멸이 끊임없이 일어난다.

‖　다른 관점으로 보면

진공에서는 양자 얽힘이 만들어졌다가 사라진다.

해석할 수 있다. 이는 빛의 원형 편광을 가리킨다. 혹은 스핀을 광자의 진행 방향에 수직인 면 내부의 특정 방향을 가리키는 화살표로 해석할 수도 있는데, 직선 편광이 이에 해당한다.

여기서는 스핀을 화살표로 생각하자. 광자 쌍이 진공에서 쌍생성되었을 때, 진공에는 원래 화살표가 없으므로 쌍생성으로 만들어진 한쪽 광자의 화살표가 특정 방향을 가리킨다면, 다른 광자의 화살표는 반드시 그와 반대 방향을 가리킨다. 그렇지 않으면 광자끼리 만나도 스핀 방향이 같아 상쇄되지 않고, 광자 쌍도 소멸하지 않게 된다. 그러나 입자와 반입자가 만나면 반드시 소멸한다.

즉, 쌍생성으로 만들어진 두 광자는 양자 얽힘 상태이다. 진공에서는 광자의 쌍생성과 쌍소멸이 끊임없이 일어나므로 양자 얽힘이 계속 만들어졌다가 사라지는 상황으로 볼 수 있다.

 광자의 쌍생성으로 블랙홀이 증발한다 : 호킹 복사

이제 다시 블랙홀 이야기로 돌아오자. 블랙홀에 엔트로피가 있다는 베켄슈타인의 주장에 반대했던 호킹은 1972년부터 '블랙홀 주위에서 진공 요동이 일어난다면 어떤 일이 생길지'에 관심을 가지기 시작했다. 블랙홀 주위에서 일어나는 일에 양자장론적 관점으로 접근한 것이다.

앞에서 설명했다시피, 일반적인 공간에서는 진공 요동으로 광자 쌍이 만들어지면 두 광자는 만나자마자 순식간에 소멸한다. 한편 블랙홀은 사건의 지평선, 즉 한번 통과하면 두 번 다시 돌아올 수 없는 지점이 존재한다는 점에서 일반 공간과 다르다. 그렇다면 다음과 같은 상황을 가정해 볼 수 있다.

쌍생성과 쌍소멸은 모든 공간에서 일어나며, 블랙홀 표면도 예외는 아니다. 그리고 쌍생성으로 만들어진 광자 쌍 중 한쪽이 쌍소멸하기 전에 표면을 지나 블랙홀에 삼켜질 수도 있다.

그렇다면 만나서 쌍소멸할 상대를 잃어버린 다른 광자는 어떻게 될까? 블랙홀에 함께 삼켜질 수도 있지만, 확률상 그렇지 않을 가능성도 있다.

이러한 상황을 가정한 호킹은 남겨진 다른 광자가 무한 저편으로 날아가 버린다는 결론에 도달했다. 쌍소멸할 상대를 잃은 광자는 만들어질 때는 가상의 입자였지만, 블랙홀 덕에 실제 입자의 형태를 갖추게 되었다고 볼 수 있다.

블랙홀 주위에서는 이러한 현상이 끊임없이 일어나므로, 멀리서는 블랙홀이 항상 광자를 방출하는 것처럼 보인다. 방출된 광자의 에

호킹 복사

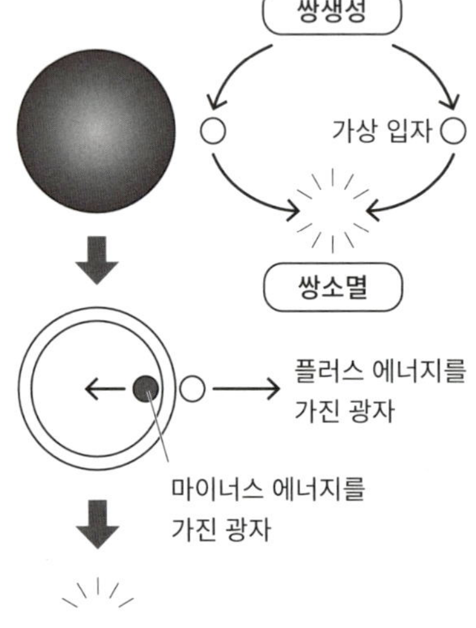

① 블랙홀 표면 가까이에서 입자와 반입자 쌍이 쌍생성한다.

② 입자 한쪽이 블랙홀에 빨려 들어간다. 쌍소멸 상대를 잃어버린 다른 입자는 그 반동으로 블랙홀 주위에서 튕겨 나간다 (외부에서는 블랙홀에서 광자가 튀어나온 것처럼 보인다).

③ 블랙홀의 에너지가 감소하며 증발한다.

증발한 블랙홀

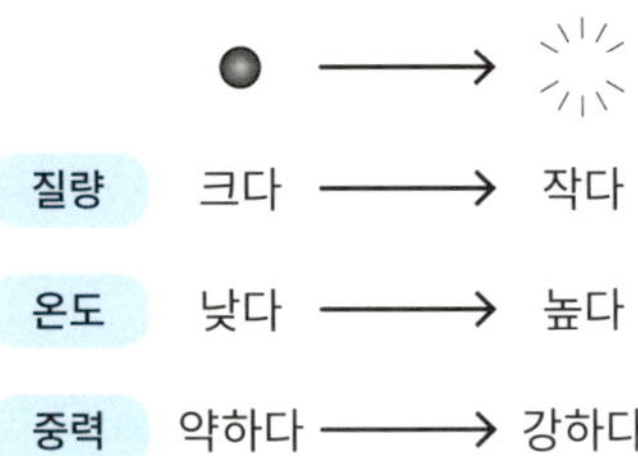

질량	크다 ⟶ 작다
온도	낮다 ⟶ 높다
중력	약하다 ⟶ 강하다

너지는 플러스이므로 블랙홀로 떨어진 광자의 에너지는 마이너스가 되고, 결과적으로 블랙홀의 질량과 표면적은 감소한다. 이를 블랙홀의 증발, 블랙홀에서 광자가 방출되는 현상을 호킹 복사라고 한다(그림 38).

블랙홀에서 방출되는 호킹 복사는 특정 온도의 용광로에서 방출되는 복사, 즉 2장에서 배운 흑체 복사와 같다. 따라서 호킹 복사의 스펙트럼은 플랑크 분포를 띤다.

그런 의미에서 블랙홀은 특정 온도의 용광로와 같으므로 블랙홀도 열역학으로 설명할 수 있다는 말이 된다. 열역학에서 온도가 있는 물체는 엔트로피도 있고, 흑체 복사를 방출한다면 온도를 통해 엔트로피를 간단하게 구할 수 있다.

실제로 계산한 결과, 블랙홀의 엔트로피는 베켄슈타인이 예상한 대로 표면적에 비례했다. 호킹이 뜻하지 않게 베켄슈타인의 주장을 인정하게 된 데에는 이러한 배경이 숨어 있었다.

물론 블랙홀은 용광로와 다르다. 용광로처럼 무언가를 태워서 온도를 얻은 게 아니기 때문이다. 그리고 용광로는 연료가 보급되지 않으면 주위에 열을 방출하며 점점 식어 간다. 열역학에서는 에너지를 잃고 온도가 떨어지면 '비열이 양수'라고 한다. 일반적인 물질의 비열은 양수이다.

그러나 블랙홀은 호킹 복사로 열(에너지)을 방출하면 점점 온도가 올라

간다. 즉, '비열이 음수'이다.

그 이유는 중력 때문이다. 물체의 중력은 질량이 클수록, 그리고 크기가 작을수록 크다. 따라서 **블랙홀이 증발하여 작아지면 표면의 중력은 한층 커진다.**

따라서 표면 부근에서 광자의 쌍생성이 일어나면 한쪽 광자는 강한 힘으로 블랙홀에 끌려 들어가고, 다른 광자도 그만큼 큰 에너지를 가지고 멀리 날아간다. 이로써 블랙홀의 온도가 높아진다.

즉, 블랙홀의 온도는 질량에 반비례한다. 그리고 결과적으로 **블랙홀은 증발할수록 온도가 높아지고, 마지막에는 대폭발을 일으키며 흔적도 없이 사라지는** 것으로 여겨진다.

그러나 블랙홀이 증발해도 우주에 존재하는 다른 블랙홀에는 아무런 문제도 되지 않는다. 질량이 천체만 한 블랙홀은 온도가 매우 낮기 때문이다.

가령 질량이 태양만 한 블랙홀은 반지름이 3km, 온도는 수천만분의 1℃ 정도이다. 이 블랙홀이 증발해서 완전히 사라지기까지는 10^{66}년이라는 까마득한 시간이 걸린다. 한편, 질량이 달만 한 블랙홀도 반지름은 0.1mm, 온도는 10K(-263℃)이지만, 증발하기까지는 10^{44}년이나 걸린다.

그러므로 **호킹 복사가 실제로 문제가 되는 경우는 블랙홀이 원자 수준의 질량 혹은 그보다 작은 크기일 때**이다. 터무니없는 발상이지만,

그 정도의 극한 상황이 되어야 비로소 진정한 자연법칙이 모습을 드러내기도 한다.

 블랙홀 정보 역설 : 정보의 소실

이제 우리는 블랙홀에 엔트로피가 있고, 이 엔트로피가 블랙홀의 표면적에 비례한다는 사실을 알았다. 그러나 아직도 해결되지 않은 문제가 남아 있다. 얼핏 보면 그렇게 심각해 보이지 않을지도 모르지만, 사실 물리학의 최첨단 지식을 총동원해야 하는 문제였다. 나아가 이 문제는 양자역학과 시공간의 밀접한 연결고리로 발전했다.

자, 이제 블랙홀 정보 역설, 또는 정보 소실 문제를 알아보자.

(1) 블랙홀의 털 없음 정리에서 발견된 모순

블랙홀은 초대질량 항성의 수명이 다하여 폭발할 때 탄생하는데, 질량이 같아도 항성마다 크기나 조성은 천차만별이며 폭발의 양상 역시 일관적이지 않다.

그렇다면 가지각색의 성질을 지닌 블랙홀이 만들어질까? 그렇지는 않다. 앞에서 설명했다시피 블랙홀은 털 없음 정리를 만족하므로 블랙홀의 성질은 질량, 각운동량, 전하 등 세 가지뿐이다. 만약 세 가지 성질의 양이 같은 두 블랙홀이 존재한다면 전혀 다른 과정을 거쳐 탄생했더라도 둘을 구별할 방법은 없다. 블랙홀을 만들어 낸 항성의 다양한 정보는 블랙홀이 생기는 과정에서 마치 털이 빠지듯 사라지며, 털 세 가닥(질량, 각운동량, 전하)만이 남게 된다. 그렇다면 빠진 털(세 가지 성질을 제외한 정보)은 어디로 갔을까? 블랙홀에 삼켜져 사라졌을까? 아니면 다른 형태로 특이점에 보존되어 있을까?

엔트로피는 관측할 수 없는 정보이고 블랙홀에도 엔트로피가 있으므로 소실된 정보가 특이점에 보존되어 있을 가능성도 있다. 그러나 블랙홀의 엔트로피는 표면적에 비례한다는 사실을 기억해야 한다. 정보는 어떠한 형태로 블랙홀 표면에 존재할지도 모른다. 만약 그렇다면 정보는 어떻게 블랙홀 표면으로 이동했을까?

(2) '호킹 복사=흑체 복사'의 모순

정보 문제는 여기서 끝이 아니다. 호킹 복사를 고려하면 더 까다로운 문제가 기다리고 있다. 바로 호킹 복사가 흑체 복사라는 점이다.

흑체 복사의 성질은 온도뿐이다. 한편, 블랙홀의 온도는 질량에 따라 결정되므로 호킹 복사의 정보는 블랙홀의 질량뿐이다. 즉, 블랙홀이 만들어질 때 표면으로 들어가 관측할 수 없게 된 정보는 흔적도 없이 사라진다는 뜻이다.

사라져도 특별히 문제 될 게 없다고 생각할지도 모른다. 책이 불

타면 내용은 물론 그 자체가 형태도 없이 사라지는 것만 봐도 알
수 있다.

그런데 사실은 그렇지 않다. 정보의 보존은 물리학의 절대적인 조건
이다. 책이 불타더라도 타고 남은 재와 불타는 양상 등 관련된 정
보를 전부 모으면 불타기 전의 책이 가지고 있던 정보와 정보량
이 같다. 거시적인 정보도 미시적인 정보의 집합이므로 미시 세계
를 지배하는 물리 법칙에 따르면 정보는 절대 사라지지 않는다.

미시 세계를 지배하는 법칙은 양자역학이다(양자장론도 장을 다루
는 양자역학으로 볼 수 있다). 지금까지 설명했다시피 양자역학을 따
르는 모든 존재는 확률적이다. 예를 들어 두 상태가 중첩되어 있
을 때, 각 상태는 특정 확률의 합으로 이루어져 있다. 그리고 두
확률을 합하면 1이 된다. 즉, 두 상태를 제외한 또 다른 상태는 존재하
지 않는다.

이 확률은 슈뢰딩거 방정식에 따라 시시각각 변하지만, 두 확률
의 합은 항상 1이다. 상태가 어떻게 중첩되어 있든 그 밖의 상태
가 존재하지 않으므로 당연하다. 이는 확률의 보존 혹은 정보의 보
존이라고 하며, 양자역학의 기본 원리이다.

다시 블랙홀의 증발로 돌아가 되짚어 보면 정보가 전혀 보존되지
않는다는 사실을 알 수 있다. 양자역학으로 호킹 복사를 유도했는
데 결과는 양자역학의 기본 원리와 어긋난 것이다. 이것이 블랙홀 정
보 역설이라는 문제이다.

 # 양자 얽힘을 완벽하게 관측하면 정보가 사라지지 않는다

블랙홀이 증발하면 정보는 사라지고 그 전까지 방출된 호킹 복사만 남는다는 것이 정보 역설이었다. 이 역설을 엔트로피로 표현해 보자.

정보 역설은 단순히 정보 문제와 같은 개념으로 볼 수 없다. 엔트로피는 거시 상태에 대응하는 미시 상태의 수이므로 엔트로피를 고려한다는 말은 어떠한 형태로 존재하는 미시 상태를 고려한다는 뜻이다. 이를 활용하면 다음 장에서 설명할 양자역학과 시공간의 관계를 설명할 수 있다.

블랙홀은 흑체 복사를 방출하며 증발한다. 흑체 복사는 유일하게 온도라는 정보만 가지고 있으므로 엔트로피가 매우 크고, 온도가 높아질수록 엔트로피가 커진다는 특징이 있다. 블랙홀은 증발하면서 점점 고온이 되므로 방출되는 호킹 복사의 엔트로피도 점점 커진다.

이 엔트로피가 존재하려면 이에 대응하는 미시 상태가 존재해야 한다. 이를 관측하기 위해 호킹 복사가 어떻게 일어났는지부터 떠올려 보자.

호킹 복사란 블랙홀 표면 부근에서 쌍생성으로 만들어진 입자 쌍의 한쪽이 블랙홀로 떨어지고, 남은 입자가 저 멀리 날아가는 현상이다. 만약 쌍생성으로 만들어진 입자 쌍이 광자라면 스핀 방향이 정반대이므로 두 광자는 양자 얽힘 상태가 된다.

사실 호킹 복사가 흑체 복사의 성질을 보이는 원인은 양자 얽힘 상태인 입자 쌍의 한쪽만을 관측하기 때문이다. 만약 두 입자를 모두 관측할 수 있다면 흑체 복사가 아니게 된다.

블랙홀의 엔트로피는 표면적에 비례하므로 정보가 어떠한 형태로 표면에 축적된다고 가정하면, 표면 부근에서 쌍생성된 양자 얽힘 상태의 입자 쌍은 어떠한 형태로 표면의 정보를 가지고 있을 것이다. 따라서 양자 얽힘을 완전한 형태로 관측할 수 있다면 표면의 정보를 추출할 수도 있다.

그러나 호킹 복사는 쌍생성된 입자 쌍의 한쪽만 관측하므로 정보는 소실되고 엔트로피도 커진다.

블랙홀의 증발에도 양자역학이 적용된다고 해 보자. 만약 블랙홀이 만들어지기 전의 정보를 전부 알고 있다면(엔트로피가 0이라면), 블랙홀과 호킹 복사를 합한 엔트로피의 총량은 처음에는 커지다가 블랙홀이 증발하는 시점을 기준으로 감소하기 시작해서 블랙홀이 소멸할 때는 0이 된다. 즉, 정보가 소실되지 않고 남아 있다.

이러한 양상을 나타낸 엔트로피의 변화 그래프를, 최초로 제창한 캐나다의 물리학자 돈 페이지의 이름을 따 페이지 곡선이라고 한다.

그런데 블랙홀의 증발을 예언한 양자장론으로는 페이지 곡선을 설명할 수 없었다.

한편, 블랙홀 정보 역설이 문제로 떠오를 즈음부터 양자장론을 대체할 기본 입자 이론인 초끈 이론 또한 발전하고 있었다. 당연히 물리학자들은 초끈 이론으로 정보 역설을 해결하려 했고, 이는 초끈 이론을 연구하는 과정에서 발견된 중력과 양자론의 깊은 관계를 탐구하는 흐름으로 이어졌다. 그리고 초끈 이론을 바탕으로 설명하면 정보 역설 문제를 해결할 수 있었다.

이제 조금 속도를 올려 초끈 이론의 최첨단 주제를 소개하고자 한다.

 초끈 이론 : 양자 중력 이론의 유력 후보

자연계에는 네 가지 기본적인 힘이 존재한다. 바로 중력, 전자기력, 약력, 강력이다. 자연계에 존재하는 모든 힘의 바탕에는 이 네 가지 힘이 있다. 이 중에서 약력과 강력은 미시 세계에만 작용하는 힘으로, 20세기에 양자역학이 발전하면서 발견되었다. 그리고 중력은 일반 상대성 이론에서 시공간의 왜곡으로 설명되는 힘이다(8장 그림 47 참조).

자세한 내용은 다루지 않겠지만, 양자역학에서 발전한 양자장론으로 설명할 수 있는 전자기력, 약력, 강력과 달리 중력은 고전적인 일반 상대성 이론 기반의 설명에서 벗어나지 못했다. 네 가지 힘 중 세 힘을 설명할 수 있다면 중력도 양자장론으로 설명할 수 있지 않을까?

그래서 과학자들은 **양자 중력 이론**(양자 중력장론)을 만들어 중력을 양자장론으로 설명하고자 했지만, 이는 아직 완성되지 않았다. 만약 이 이론이 완성된다면 일반 상대성 이론과 양자역학을 하나로 묶을 뿐만 아니라 시간·공간·물질이 탄생한 태초의 우주가 어떻게 시작되었는지, 특이점에서는 시간과 공간과 물질이 어떻게 되는지 등 기존의 물리학으로는 도무지 설명할 수 없는 의문도 확실히 밝혀낼 수 있을 것이다.

현재 **초끈 이론은 양자 중력 이론의 유력한 후보**로 손꼽힌다(그림 39). 현대 물리학에서 물질을 만드는 최소 단위의 기본 요소는 전자나 광자처럼 내부에 구조가 없는 기본 입자이지만, 초끈 이론의 기본 요소는 기본 입자보다도 작고 선 형태로 퍼져 있는 '끈'이다.

현재 양자장론은 광자는 광자장, 전자는 전자장과 같이 기본 입자의 종류에 따라 장의 양자 요동을 다룬다. 그러나 초끈 이론은 별개의 장이 아니라 '끈의 장'이라는 한 종류의 장만 고려한다. 그 장에서 끈이 만들어지고, 끈 한 가닥의 진동 차이가 서로 다

그림 39 양자장론과 초끈 이론

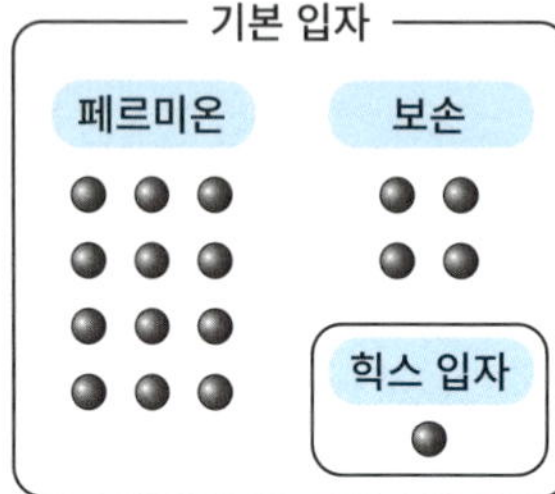
양자장론
기본 입자
페르미온
보손
힉스 입자
양자장론은 기본 입자 단위로
장을 바라본다.
광자 = 전자기력(광자장)
글루온 = 강력(글루온장)
W 보손 = 약력(W 보손장)
? 중력자 = 중력(중력장)
양자 중력장론은 미완성

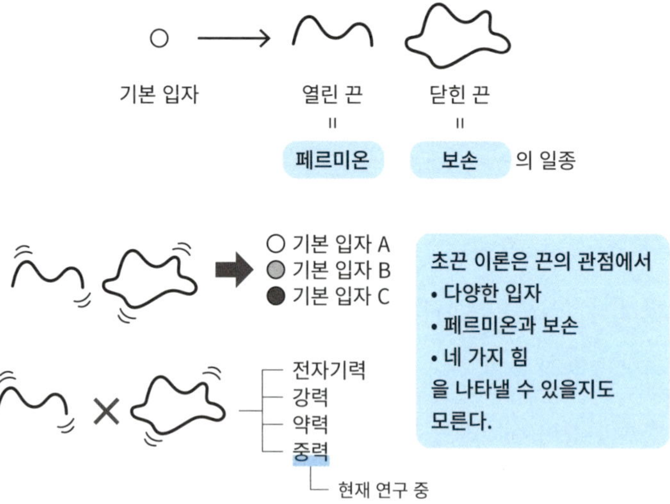
초끈 이론
기본 입자
열린 끈 = 페르미온
닫힌 끈 = 보손 의 일종
기본 입자 A
기본 입자 B
기본 입자 C
초끈 이론은 끈의 관점에서
• 다양한 입자
• 페르미온과 보손
• 네 가지 힘
을 나타낼 수 있을지도
모른다.
전자기력
강력
약력
중력
현재 연구 중

른 입자의 형태로 관측되며, 끈과 끈의 상호작용으로 네 가지 힘 (중력, 전자기력, 약력, 강력)을 통합해서 설명할 수 있다. 일석이조 정도가 아니라 끈 하나로 삼라만상을 표현할 수 있으니 얼마나 경제적인 이론인가.

초끈 이론이라는 이름처럼 그냥 끈이 아닌 '초'가 붙은 이유도 짚고 넘어가자. 5장에서 쿠퍼 쌍을 설명할 때도 언급한 바 있는데, 기본 입자는 크게 페르미온과 보손으로 분류된다. 간단히 말하자면 페르미온은 물질의 기본적인 구성 요소이고 보손은 페르미온 사이의 상호작용에서 힘을 전달하는 입자이다(그 밖에 힉스 입자라는 기본 입자도 있지만, 여기서는 다루지 않는다). 초끈 이론의 '초'는 끈의 진동이 페르미온과 보손을 모두 나타낸다는 뜻이다. 그리고 초끈 이론은 정보 문제뿐만 아니라 블랙홀의 엔트로피도 미시 수준으로 설명할 수 있다.

 초끈 이론으로 해석한 블랙홀의 엔트로피

초끈 이론의 특징은 시간 1차원, 공간 9차원이라는 10차원 시공간에서만 끈이 존재한다는 점이다. 우리가 인식하는 공간은 3차원이므로, 초끈이 존재하는 공간은 어떠한 이유로 6차원 공간이 작아졌거나, 커져도 이를 인식할 수 없는 메커니즘이 존재한다.

여분 차원이 관측할 수 없을 만큼 작다고 주장하는 끈 이론도 있지만, 여기서는 우리가 인식하는 3차원 이외의 6차원이 무한하게 펼쳐져 있다고 주장하는 끈 이론만 소개하기로 한다.

끈에는 **열린 끈**과 **닫힌 끈**(열린 끈은 양 끝이 있는 끈, 닫힌 끈은 하나로 이어진 고무링 같은 이미지)이 있고, 열린 끈의 진동은 페르미온, 닫힌 끈의 진동은 중력에 관여하는 양자인 중력자(보손의 일종)를 나타낸다.

그 밖에도 **끈이 모여 형성된 D-막**(디리클레 막)**이라는 구조**가 있다. D-막의 차원은 3차원, 4차원, 5차원 등 다양하며, 열린 끈의 양 끝이 D-막에 달라붙어 있다는 특징이 있다.

3차원 D-막으로 우리가 사는 우주를 설명한다고 해 보자(그림 40). D-막에는 달라붙은 끈의 양 끝에 다양한 종류의 전하(전자기력의 근원인 일반 전하, 강력의 근원인 색 전하, 약력의 근원인 초전하 등)가 있고, 이 전하들이 D-막 안에 힘을 행사한다. 즉, **힘은 D-막 내부에 한정되며, 여분 차원으로 퍼지지 않는다.**

그러나 **중력**만은 조금 다르다. **D-막 내부에 완전히 가둬 둘 수 없고, 여분 차원으로 힘이 약간 새어 나간다.** 이는 닫힌 끈을 D-막에서 떼어 낼 수 없기 때문이다. 그러나 새어 나가는 힘은 극히 일부에 불과하며, 현대 기술로는 새어 나가는 힘을 검출할 수 없다.

따라서 여분 차원이 무한하게 확장하더라도 우리는 그 존재를 인

우리가 사는 우주는 9차원 공간을 떠도는 3차원 D-막

그림 41   초끈 이론으로 블랙홀의 엔트로피를 계산할 수 있다

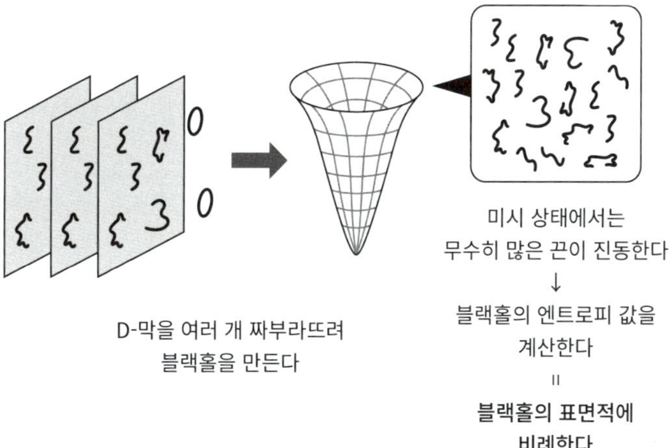

식할 수 없다. 이에 따르면 우리가 사는 우주는 9차원 공간을 떠도는 3차원 D-막이 된다.

위와 같은 이론을 막 우주론이라고 한다. 3차원 D-막 2개가 서로 충돌하면 빅뱅이 일어난다는 주장도 있다.

이제 초끈 이론으로 블랙홀을 해석해 보자. 블랙홀은 거대한 질량이 짜부라 들어 만들어지는 천체로, 끈의 집합체인 D-막을 조합해서 짜부라뜨리면 블랙홀이 만들어진다(그림 41).

블랙홀의 미시 상태는 무수히 많은 끈이 진동하는 형태이므로 끈이 진동하는 형태가 몇 개인지 세면 블랙홀의 엔트로피를 계산할 수 있다. 그 결괏값은 블랙홀의 표면적에 비례한다.

그러나 D-막을 짜부라뜨려 만든 블랙홀은 매우 특수하여 자연계에 존재하는 블랙홀과는 다르다. 그러므로 엄밀히 따지면 초끈 이론으로 블랙홀의 엔트로피를 설명할 수는 없지만, 자연계에 존재하는 블랙홀의 엔트로피를 초끈 이론으로 설명할 수 있을지도 모른다는 기대는 남아 있다.

 중력이 중력 이외의 힘과 동등하다고? : 말다세나 추론

초끈 이론은 블랙홀의 엔트로피를 설명할 수 있을 뿐만 아니라, '중력이란 무엇인가'라는 근본적인 의문에 놀라운 사실을 시사했다. 어떤 의미에서는 '중력이 중력 이외의 힘과 같다'는 것이었다.

1997년, 아르헨티나 출신 물리학자 후안 말다세나는 훗날 말다세나 추론으로 불리게 될 굉장한 이론을 발견했다. 말다세나는 초끈 이론과 밀접한 관련이 있는 '5차원 시공간에서 우주 상수를 가지는 중력 이론(Ads)'과 '그 시공간을 무한원에서 둘러싼 4차원 경계면에 적용되는 (중력을 포함하지 않는) 일종의 양자장론(CFT)'이 수학적으로 동등함을 보였다.

5차원 시공간과 그 시공간의 4차원 경계가 와닿지 않는다면 3차원 공간의 구와 그 구의 면을 생각해 보자. 3차원 구의 경계면인 구면은 3차원보다 한 차원 아래인 2차원이다.

A: 5차원 시공간에서 우주 상수를 가지는 중력 이론(Ads)

B: 그 시공간을 무한원에서 둘러싼 4차원 경계면에 적용되는 (중력을 포함하지 않는) 일종의 양자장론(CFT)

⇒ A와 B는 수학적으로 동등하다

참고로 우주 상수는 1916년에 아인슈타인이 일반 상대성 이론으로 우주가 영원히 변하지 않는다는 주장을 관철하기 위해 제시한 일종의 에너지이다. 당시에는 우주가 팽창한다는 사실이 밝혀지지 않았다. 우주가 영원히 변하지 않는다고 믿었던 아인슈타인은 인력인 중력만 존재하면 우주가 짜부라 들기에 반발력으로 우주 상수를 도입하여 우주가 유지되는 이유를 설명했다.

이후 우주가 팽창한다는 사실이 알려지면서 우주는 영원히 변하지 않는 공간이 아니게 되었다. 지금은 우주 상수가 실제로 존재하며, 우주의 팽창 속도를 빠르게 하는 요인으로 여겨진다.

말다세나가 생각한 우주 상수는 아인슈타인이 생각한 우주 상수(반발력)와 반대로 인력의 성질을 가지고 있었다. 이로써 우주는 무한히 넓어지는 5차원의 구, 그리고 그 경계는 4차원이 된다.

이러한 우주를 반 더시터르(Anti-de Sitter, Ads) 우주라고 한다. 반대를 의미하는 영어 anti와 네덜란드의 물리학자 빌럼 더시터르의 이름을 합한 명칭이다. Ads 우주는 Ads 공간과 시간을 가리킨다.

초끈 이론으로 설명할 수 있는 중력은 열린 우주인 Ads 우주의 중력이다. 열린 우주란 우주의 형태를 나타내는 우주 모형 중 하나이다. 우주 모형의 종류는 평탄 우주, 열린 우주, 닫힌 우주 등 총 세 가지이다. 평탄 우주는 우리가 중학교에서 배운 유클리드 공간(평평한 공간)과 마찬가지로 삼각형 내각의 합이 $180°$인 공간이다. 현재 학계에서는 우리가 사는 우주를 평탄 우주로 보고 있다. 이와 달리 열린 우주는 삼각형 내각의 합이 $180°$보다 작은 기묘한 공간이다. 그리고 닫힌 우주는 삼각형 내각의 합이 180°보다 큰 공간이다. 이를테면 2차원은 구면이 닫힌 공간이다.

그리고 CFT(Conformal Field Theory, 등각장론)는 모든 입자의 질량이 0이고 초대칭성으로 페르미온과 보손이 일대일로 대응하는 특별한 양자장론이다.

말다세나는 한 걸음 더 나아가 5차원과 4차원의 동등성은 다른 차원, 가령 '우리가 사는 3차원 공간의 중력 이론'과 '이를 무한원에서 둘러싼 2차원 경계면에서의 중력과 무관계한 양자장론'에서도 성립한다는 추론을 제시했다. 이를 말다세나 추론이라고 하며, 차원이 서로 다른 우주에서의 중력 이론과 양자장론의 대응을 Ads/CFT 대응이라고 한다(그림 42).

【말다세나 추론】

A: 우리가 사는 3차원 공간의 중력 이론

B: A의 공간을 무한원에서 둘러싼 2차원 경계면에서의 중력과 무관계한 양자장론

⇒ A와 B는 수학적으로 동등하다

현실의 우주에서는 쿼크와 전자 모두 질량이 있고 초대칭성도 성립하지 않으므로 CFT는 현실의 우주를 설명하는 양자장론이 아

그림 42 말다세나 추론

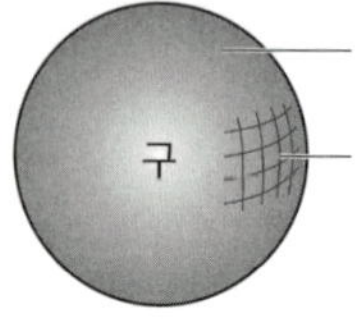

❶ 3차원 Ads 공간과 2차원 경계면

구

3차원 Ads 공간(중력이 있는 공간)

3차원 Ads 공간을 무한원에서 둘러싼
2차원 경계면(중력이 없는 곡면)

❷ Ads/CFT 대응

5차원 공간   =   4차원 경계면
(중력이 있는 Ads 이론)   (중력이 없는 CFT 이론)

(이를 일반화하면)

3차원 공간에서의 중력 이론   2차원 경계면에서의 양자장론

중력은 중력 이외의 힘과 동등하다

중력을 중력 이외의 힘으로 나타낼 수 있다!

❸ 말다세나 추론으로 해석한 블랙홀의 증발

Ads 공간에서 일어난   경계면에서 보이는
블랙홀의 증발   =   양자의 집단적 움직임
                              ‖
블랙홀이 증발할 때도   정보가 보존되는
정보는 보존된다   ←   세계

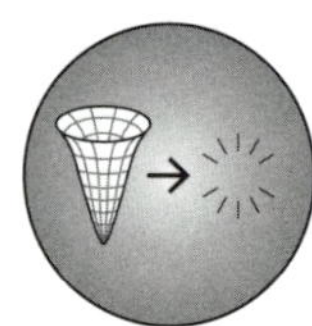

[참고]
세 가지
우주 모형   평탄 우주   열린 우주   닫힌 우주

중력 이외의 힘을 연구했더니 중력의 본질을 밝혀낼
가능성이 발견되었어요.

니다. 그리고 현재 우주는 양의 우주 상수에 의해 팽창 속도가 빨라지고 있다는 사실이 관측을 통해 밝혀졌으므로 우주 상수가 음수인 Ads 우주 역시 현실의 우주에 들어맞는 개념이 아니다. 그러나 중력 이론과 중력이 없는 이론이 동등하다는 그의 발상 자체는 놀라운 것이었다. 앞서 설명했다시피 중력은 중력 이외의 힘과 동등하며, 중력 이외의 힘으로 나타낼 수 있다는 뜻이기 때문이다.

말다세나 추론과 그 귀결은 다음 장에서 다루기로 하고, 지금은 블랙홀 정보 역설로 돌아오자.

말다세나 추론에 따라 블랙홀의 증발을 생각해 보자.
반 더시터르 공간에서 블랙홀의 증발은 경계면에 존재하는 양자의 집단적인 움직임으로 표현된다(그림 42 ③ 참조). 경계면은 양자역학이 지배하는 영역으로, 정보가 철저히 보존된다. 이 세계와 블랙홀이 있는 내부 세계는 동등하므로 블랙홀이 증발할 때도 정보는 보존된다고 볼 수 있다.
이러한 정보 역설을 지적한 호킹은 중력이 있을 때 양자역학에서는 정보가 보존되지 않는다고 주장했지만, 말다세나 추론을 바탕으로 한 연구의 발전을 보고 2004년에 블랙홀이 증발해도 정보는 보존된다고 인정했다.

 ## 블랙홀 내부는 웜홀의 입구 : 섬 가설

과학자들은 현실의 우주가 정밀하게 관측할 수 있는 범위 내에서 평탄한 3차원 공간의 우주라고 생각했다. 따라서 지금으로서는 말다세나 추론을 현실의 우주에 바로 적용할 수 없었다.

그러나 초끈 이론에 따라 블랙홀 정보 역설이 해결되었다는 점을 근거로, 정보는 원래 보존된다고 보는 관점에서 블랙홀의 증발을 고찰하면서 흥미로운 가설을 논의하게 되었다.

이는 '블랙홀이 외부에서 봤을 때 표면적에 비례하는 엔트로피가 있는 양자계'라는 설명에서 출발한 관점이다. 따라서 블랙홀이 증발해도 정보는 보존된다.

정보가 보존되지 않는다는 주장의 근거는 호킹 복사로 방출된 광자가 양자 얽힘 상태인 입자 쌍 중 한쪽뿐이라는 점이다. 양자 얽힘 상태인 광자 쌍을 모두 관측할 수 있다면 정보는 소실되지 않는다.

블랙홀이 증발하기 시작하면 내부에 거품 형태의 영역이 나타나고, 그 안에 들어간 양자 얽힘 상태인 한쪽 광자의 정보가 양자 텔레포테이션 하듯이 블랙홀 외부에 있는 다른 쪽 광자로 전달된다. 그 결과, 관측된 호킹 복사에 블랙홀의 정보가 담기는 것으로 추정된다(그림 43).

이처럼 정보가 이동하는 블랙홀 내부의 통로를 섬이라고 하며, 정보

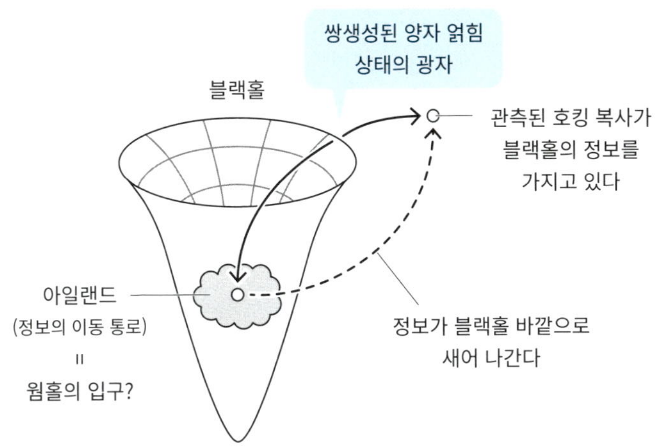

가 바깥으로 새어 나간다는 가설을 섬 가설이라고 한다.

지금은 섬의 존재가 어디까지나 가설에 지나지 않지만, 이 가설에 따라 블랙홀과 호킹 복사 양쪽의 엔트로피를 합한 전체 엔트로피의 변화를 계산해 보자.

양자역학에서는 모든 가능성을 고려해야 한다. 그리고 블랙홀 내부에 웜홀의 입구가 만들어지는 효과가 전체 엔트로피를 줄이며, 정보를 밖으로 전하는 역할을 한다는 사실이 밝혀졌다. 즉, **섬은 웜홀의 입구**이다.

웜홀은 일종의 시공간 구조로, 이를 통해 양자역학에서 시공간 구조로 주제가 확장된다. 시공간과 양자의 연결고리는 지금도 한 창 논의 중이며 아직 확정되지 않은 상황이지만, 매우 흥미로운 주제인 만큼 다음 장에서 자세히 알아보기로 하자.

8장

양자 얽힘이
시공간을 만든다

블랙홀의 섬 가설은 양자역학과 시공간 구조의 관계를 시사하며, 이는 한 걸음 나아가 시공간의 존재 자체가 양자역학과 밀접하게 관련되어 있을지도 모른다는 논의로 이어졌다. 그 발단은 말다세나 추론과 이를 바탕으로 일본의 물리학자들이 발전시킨 연구였다. 양자역학이 나아갈 방향성 중 하나로 마지막 장의 주제를 선정했다.

양자역학과 시공간의 관계는 이론물리학의 최첨단을 달리는 주제이다. 매우 흥미로운 내용이지만, 글만 읽어서는 이해하기 어려우니 최첨단 연구는 이런 느낌이구나 하고 재미있게 읽기만 해도 충분하다.

 통조림 수프로 이해하는 말다세나 추론

다시 말다세나 추론으로 돌아오자. 무한하게 넓은 (D+1)차원의 열린 공간(반 더시터르 공간, Ads 공간)의 중력 이론은 이 공간을 무한원에서 둘러싼 D차원 경계면의 양자론과 동등하다는 것이 말다세나 추론의 내용이었다.

더 쉽게 풀어 쓰자면, 고차원의 중력 이론을 그보다 한 차원 낮은 양자론으로 기술할 수 있다는 뜻이다. 즉, (D+1)차원 Ads 공간에 존재하는 블랙홀의 엔트로피는 D차원 경계면에 존재하는 양자 집단의 엔트로피에 대응한다. Ads 공간과 그 경계면의 물리량은 일

❶ Ads 시공간의 이미지

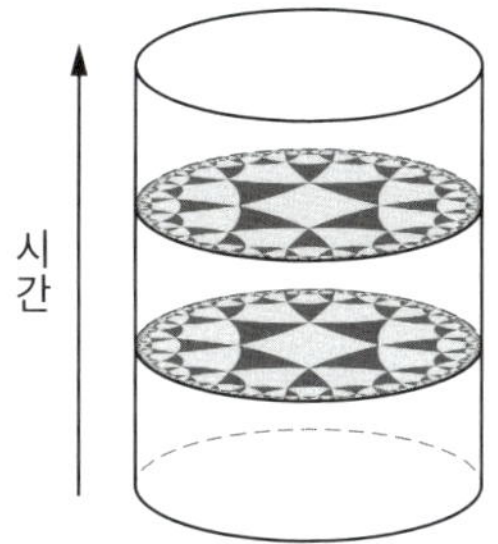

Ads 시공간＝Ads 공간(가로 방향)＋시간(세로 방향)

❷ 특정 시각일 때 Ads 공간(열린 공간)의 이미지

※ Ads 공간은 무한하게 펼쳐져 있다. 흰색과 검은색의 면적은 같지만, 무한하게 펼쳐진 Ads 공간을 유한한 공간(원)으로 표현하면서 경계면(원둘레)에 가까워질수록 점점 작게 그려졌다.

그림 ②는 원 내부를 2차원 Ads 공간, 원둘레(경계면)를 1차원으로 표현했다.
원 내부를 3차원, 원둘레를 2차원 구면으로 볼 수도 있다
(이때는 그림 42 ①처럼 표현한다).

대일로 대응하며, 둘 중 어느 쪽으로 계산하든 물리량은 같다.

고차원의 중력 이론＝한 차원 낮은 양자론으로 기술할 수 있다.

↓

(D＋1)차원 Ads 공간에 존재하는 블랙홀의 엔트로피＝D차원 경계면에 존재하는 양자 집단의 엔트로피(두 가지 방법으로 계산한 값은 동일)

이는 수프가 들어 있는 통조림 캔에 비유할 수 있다. **통조림 캔 표면(＝경계면)에는 용기 안에 어떤 수프가 어떤 상태로 들어 있는지에 관한 정보가 적혀 있다.** 따라서 우리는 캔 표면을 보고 통조림 수프의 내용물이 옥수수 수프인지 미네스트로네 수프인지 알 수 있다.

이제 이 캔이 시간 축 방향, 즉 세로 방향으로 무한하게 길다고 해 보자(그림 44 ①). 세로 방향은 시간, 가로 방향은 공간을 나타낸다. 따라서 캔의 가로 방향 단면은 특정 시각일 때의 원(캔의 내용물)과 이를 둘러싼 원둘레(경계)이다.

그림 44 ②를 보면 내용물이 2차원의 원인데, 우리가 아는 일반적인 원이 아니라 열린 공간인 Ads 공간의 원이다. 이때 원의 둘레(경계)는 1차원이다. 상상력을 발휘해서 내용물을 3차원 Ads 공간으로 가정하면 그 경계는 2차원 구면이 된다(7장 그림 42 ① 참조).

이제 이 경우 '특정 시각일 때의 단면'을 생각해 보자.

말다세나 추론에 따르면 캔 내용물의 정보는 경계면에 보존되어 있다. 요점은 **캔 내용물에는 중력이라는 힘이 존재하지만, 경계면에는 중력이 존재하지 않는다.**

그런데 말다세나 추론은 애초에 **홀로그래피 원리**를 전제로 한다. 홀로그래피 원리는 네덜란드의 물리학자 헤라르뒈스 엇호프트와 미국의 물리학자 레너드 서스킨드가 주장한 이론으로, 블랙홀의 엔트로피가 표면적에 비례한다는 사실에서 유도되었다.

블랙홀을 이루는 정보는 블랙홀 내 3차원 공간에 갇혀 외부에서는 사라진다. 이 사라진 정보는 엔트로피이다. 만약 블랙홀의 표면적을 통해 정보를 구할 수 있다면, 사라진 정보와 같은 양의 정보가 어떠한 형태로 표면적에 보존된다는 뜻이다. 따라서 **3차원의 정보는 주변 2차원 경계면의 정보와 같다**는 것이 이들의 발상이었다.

홀로그램은 2차원 필름에 특수한 빛을 비추면 3차원 이미지를 보여 주는 기술인데, 고차원의 중력 이론을 한 차원 낮은 양자론으로 기술할 수 있다는 추론이 개념적으로 홀로그램과 비슷하다고 하여 홀로그래피 원리라는 이름이 붙었다.

말다세나 추론은 특별한 경우에 대해 이 원리의 확고한 이론적 배경을 제시했다.

앞에서 설명했다시피 현재로서는 말다세나 추론을 현실의 우주에 그대로 적용할 수 없지만, 지금도 과학자들은 현실의 우주에 대응할 가능성을 모색하고 있다. 말다세나 추론이 현실의 우주에 적용된다고 한번 가정해 보자.

 공간과 양자 얽힘의 관계 : 류-다카야나기 공식

그렇다면 캔 표면(경계면)의 일부만 보일 때, 우리가 알 수 있는 수프(내부의 Ads 공간)의 정보는 얼마나 될까? 이 질문에 대한 대답이 류-다카야나기 공식이다. 2006년, 당시 미국 연구소에 재직 중이던 일본의 물리학자 류 신세이와 다카야나기 다다시는 경계면 영역의 정보량이 Ads 공간 내부의 영역을 결정한다는 사실을 발견했다.

CFT 경계면은 일종의 양자장론이 지배하는 영역이다. 따라서 경계면에서의 정보량은 양자 정보라고 하며, 구체적으로는 경계면의 양자 얽힘 상태의 수를 가리킨다. 7장에서 설명했듯이 양자장론을 따르는 공간에서는 입자와 반입자가 쌍생성과 쌍소멸을 반복한다. 그리고 쌍생성된 입자 쌍은 양자 얽힘 상태이다.

이렇게 양자 얽힘 상태인 입자 쌍의 수로 결정되는 양을 '얽힘 엔트로피'라고 하는데, 얽힘 엔트로피가 곧 양자 정보이다.

2차원에서 류-다카야나기 공식을 설명하면 다음과 같다. 특정 시각일 때의 2차원 Ads 공간이 있다고 하자. 이때 캔의 내용물은 원, 그 경계는 원둘레이고, 원의 일부인 호 P를 밑변으로 하는 원 내부(Ads 공간)의 영역이 존재한다.

그림 45 ①을 보자. 그림의 곡선 A는 원 안에서 호 P의 양 끝을 잇는 가장 짧은 곡선(최단 곡선)이다. 이 최단 곡선과 호 P로 둘러싸인 영역(회색)이 호 P에 의해 결정되는 Ads 공간 내 영역이다. 여기서 호 P의 양 끝을 연결하는 최단 곡선은 그림 45 ②처럼 직선이 된다고 생각할지 모르지만, 내부의 원은 열린 공간이므로 그림 45 ①처럼 곡선이 된다.

류-다카야나기 공식은 경계(원둘레) 일부(호 P)의 얽힘 엔트로피를 계산할 때, 호 위에서 양자역학으로 계산하는 게 아니라 호 P의 양 끝을 연결하는 최단 곡선을 찾아서 그 길이를 재면 된다는 것을 증명했다. 앞에서 2차원으로 예를 들었지만, 류-다카야나기 공식은 더 높은 차원에서도 성립한다. 일반적으로 Ads 공간 경계면의 일부인 영역 P의 얽힘 엔트로피는 Ads 공간 내 영역 P에 대응하는 영역이며, 표면적이 최소가 되는 곡면의 면적으로 주어진다. '영역 P에 대응하는

❶ 류-다카야나기 공식의 이미지(2차원의 열린 Ads 공간)

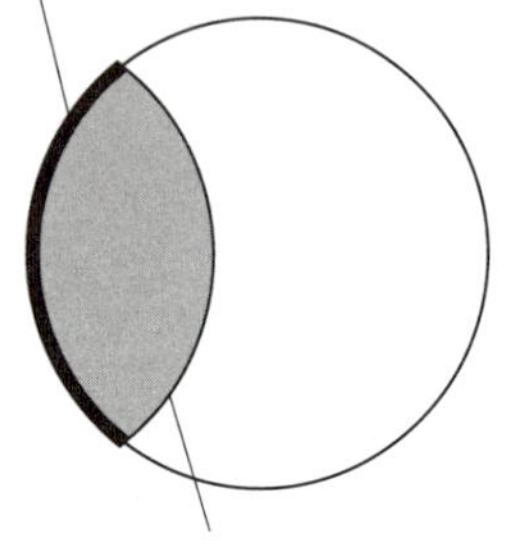

【류-다카야나기 공식】
Ads 공간 경계면 내 일부 영역의 얽힘
엔트로피는 그 영역에 대응하는 최소
영역의 표면적으로 주어진다.

⬇　왼쪽 그림에서는

곡선 A의 길이가 호 P의 얽힘
엔트로피이다.

❷ 2차원의 평탄한 공간

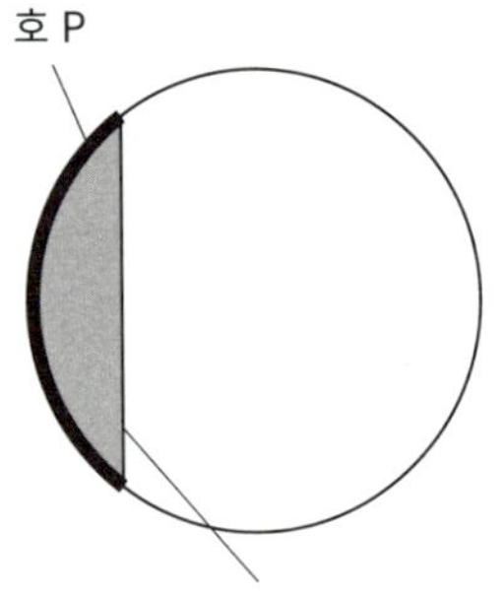

❸ 3차원의 열린 Ads 공간

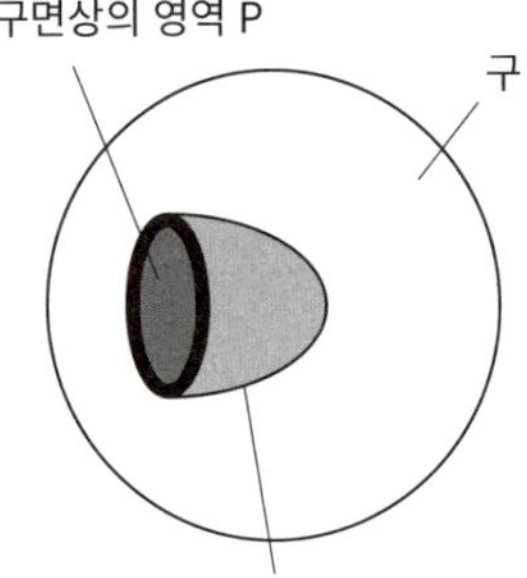

영역'이란 영역 P가 바닥인 Ads 공간 내 영역을 가리키며, '표면적이 최소'라는 조건에 따라 그중 한 영역이 선택된다(그림 45 ③).

경계면의 얽힘 엔트로피를 계산하려면 일반적으로는 양자 얽힘의 수량을 세야 한다. 하지만 이 공식을 사용하면 경계면으로 둘러싸인 공간의 특정 표면적을 계산해서 엔트로피를 구할 수 있다.
류-다카야나기 공식의 의의는 엔트로피라는 물리량이 표면적이라는 기하학적 양에 의해 결정된다는, 즉 표면과 내부 공간이 특정하게 대응한다는 사실을 발견했다는 것이다.

우리는 블랙홀의 엔트로피가 표면적으로 주어졌다는 사실을 기억해야 한다. 이때 류-다카야나기 공식은 엔트로피-표면적의 관계식과 같은 형태이다.
다시 말해 블랙홀의 엔트로피를 경계면 일부(그림 45 ①의 2차원에서는 호 P)의 얽힘 엔트로피에, 블랙홀의 표면적을 최소곡면의 표면적(그림 45 ①에서는 최단 곡선 A의 길이)에 대입하면 된다. 이로써 블랙홀의 표면적이 가진 정보를 블랙홀 내부의 정보로 해석할 수 있게 되었다. 그렇다면 이를 바탕으로 다음과 같이 대담하게 추측해 볼 수도 있지 않을까?

경계면의 정보는 내부 Ads 공간의 최소 표면적을 결정하며, 그 표면적은 최소 표면적으로 둘러싸인 공간 내부의 정보이다. 따라서 경계면의 정보는 Ads 공간의 정보이다.

이 경계면상의 양자 얽힘과 내부 공간 영역의 대응은 Ads 공간이라는 우리의 우주와 동떨어진 특수한 공간에서 입증되었지만, 양자 얽힘이 공간과 어떠한 관계가 있다는 사실을 강하게 시사했다.

 양자 얽힘이 공간을 만든다고? : 공간의 창발

캐나다의 물리학자 마크 반 람스동크는 이러한 양자 얽힘과 공간의 관계를 더욱 명확한 형태로 나타낸 인물이다. 그는 3차원 공간에 가상의 경계면을 세웠을 때, 경계를 사이에 두고 존재하는 두 양자가 양자 얽힘 상태인 상황을 가정했다(그림 46).

그리고 양자 얽힘의 수가 감소하면 둘로 나뉜 공간이 점점 늘어지면서 경계가 점점 좁아지며, 양자 얽힘이 전부 소멸하면 3차원 공간이 찢어져 둘로 분열한다고 주장했다. 달리 표현하면 '공간은 양자 얽힘으로 연결되어 있다', 혹은 '양자 얽힘 자체가 공간이다'라고 할 수 있을지도 모른다.

이러한 주장을 공간의 창발이라고 한다.

또한, 양자 얽힘과 공간의 연관성을 시사하는 연구도 있다. 이에

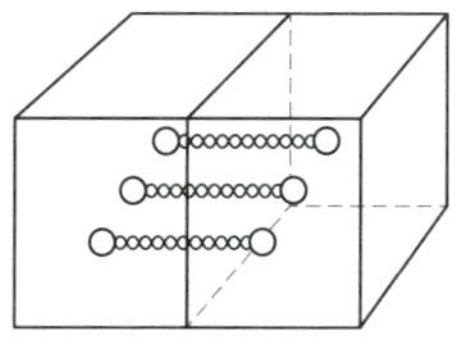

양자 얽힘 상태인 양자가 공간을 연결한다

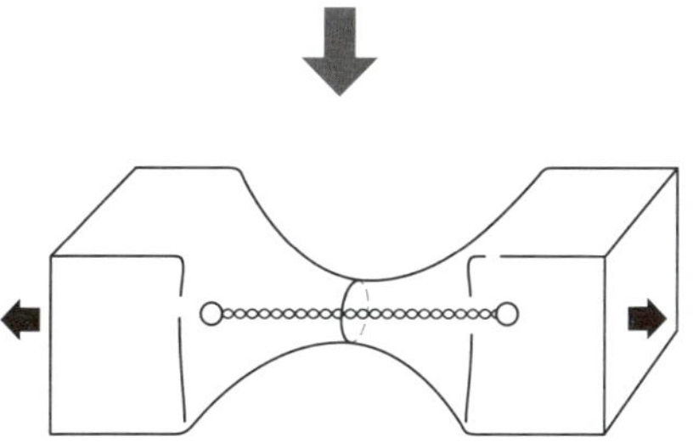

양자 얽힘의 수가 감소하면 공간이 늘어진다

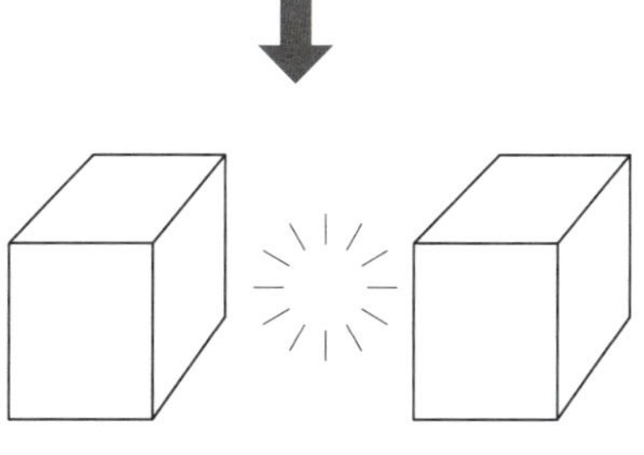

양자 얽힘이 모두 소멸하면
공간이 찢어져 둘로 분열한다   =   공간의 창발

따르면 양자 얽힘은 일종의 시공간 구조라고 한다. 일종의 시공간 구조란 웜홀을 가리키는데, 웜홀 역시 아인슈타인과 관련되어 있다.

 '장'을 매개로 작용하는 힘 : 일반 상대성 이론 복습 ①

양자 얽힘의 신비를 설파하는 논문(EPR 역설, 1장 참조)이 투고된 1935년, 아인슈타인은 훗날 ER 논문으로 불릴 논문을 집필했다. E는 아인슈타인, R은 양자 얽힘 논문의 공동 저자이기도 한 로젠의 앞 글자였다. ER 논문의 정식 제목은 「일반 상대성 이론의 입자 문제(The Particle Problem in the General Theory of Relativity)」이다. 여기서 입자란 물질의 기본 요소인 미시 입자를 가리키지만, 논문의 내용은 양자역학과는 아무런 상관도 없었다.

이 논문에서 아인슈타인은 장과 물질의 관계에 주목했다. 이를 이해하려면 일반 상대성 이론을 먼저 설명해야 한다.

이미 설명했다시피 물리학에서 힘은 장을 매개로 나타난다. 중력도 중력장을 매개로 하며, 질량(정확히는 에너지)이 있는 입자는 중력장의 영향으로 중력을 받는다. 그리고 중력장을 시공간의 왜곡으로 나타낸 이론이 아인슈타인의 상대성 이론이었다(그림 47).

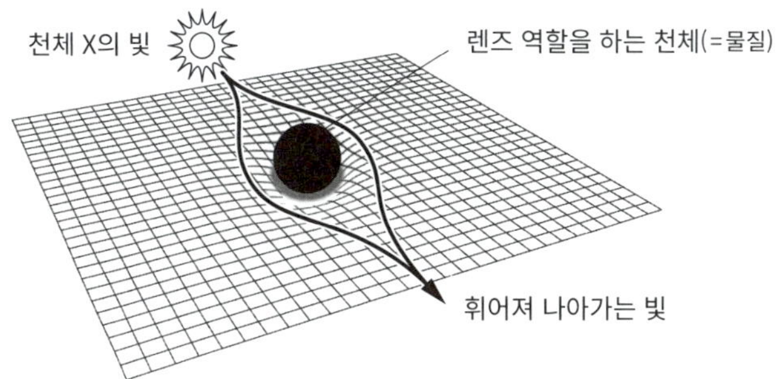

렌즈 역할을 하는 천체가 주위 시공간을 왜곡시킨다(=중력장).
천체 X에서 나온 빛은 똑바로 직진하지만,
공간이 왜곡되어 휘어져 나아가는 것처럼 보인다.

중력 렌즈 효과라는 물리 현상이 있는데, 이는 빛이 중력의 영향으로 휘어지는 현상이다. 일반 상대성 이론에서는 빛이 진공을 지날 때 휘는 이유를 중력에 이끌려서가 아니라, 질량이 있는 물체 주변에서는 공간이 왜곡되는데 그 근처를 지나는 물체(빛=광자)가 왜곡된 공간을 똑바로 직진하기 때문이라고 설명한다.

 시공간을 왜곡하는 원인은 물질 : 일반 상대성 이론 복습 ②

'아인슈타인 방정식'은 물질에 따라 시공간이 얼마나 왜곡되는지 결정한다. '아인슈타인의 중력 방정식'이라고도 하며, 물질과 에너지

$$G_{\mu\nu} = 8\pi G T_{\mu\nu}$$

장이 중력에 의한 시공간의 왜곡을 결정한다는 사실을 보여 주는 식이다(그림 48).

아인슈타인 방정식의 좌변은 시공간의 왜곡을 나타내고, 우변은 물질을 나타낸다. 아인슈타인에게 좌변은 리만 기하학이라는 아름다운 수학으로 자연스럽게 유도한 항이었지만, 우변은 기하학과는 아무런 관계도 없는 (것으로 당시 알려진) 물리학으로 꿰맞춘 항이었다.

물리학 방정식은 기하학처럼 논리정연해야 한다고 믿었던 아인슈타인에게 자신이 도출한 아인슈타인 방정식의 좌변이 멋들어진 대리석 건물이었다면, 우변은 당장이라도 쓰러질 듯한 오두막 집이었던 셈이다.

한 가지 짚고 넘어가자면, 이 방정식은 우변이 0인 경우, 즉 물질이 없는 경우에도 중력(만유인력)이 발생할 가능성이 있음을 보여 준다. 아인슈타인은 훗날 블랙홀과 중력의 왜곡이 파동의 형태로 전달되는 중력파처럼 물질의 존재와 관계없는 수많은 현상이 있을 것이라 예언했고, 실제 관측 결과는 그의 예언대로였다.

 아인슈타인-로젠 다리(=웜홀)

세계가 장과 물질이라는 두 요소로 이루어져 있다는 주장에 아인슈타인은 불만을 표했다. 아름답고 이상적인 이론이라면 궁극적으로 모든 것을 하나의 요소로 나타낼 수 있어야 했기 때문이다. 그래서 그는 물질(입자) 없이 중력장과 전자기장만으로 질량과 전하를 나타낼 수 없을지 연구했다. 이것이 아인슈타인과 로젠이 집필한 ER 논문의 주제였다.

그리고 두 사람은 ER 논문을 통해 그 가능성을 증명했다. 이들은 아인슈타인 방정식의 우변이 0인 경우, 즉 물질이 없는 경우의 특수한 해를 찾았다. 그리고 그 해가 특정 반지름에서 동일한 형태의 해로 매끄럽게 이어진다는 사실을 발견했다. 마치 다른 우주로 연결되는 통로와도 같았다.

현대인의 관점에서 보면 이 '특수한 해'는 블랙홀을 나타내는 슈바르츠실트 해를 가리킨다.

그리고 '특정 반지름'은 블랙홀 표면의 슈바르츠실트 반지름이다.

현재는 블랙홀 표면으로 진입하면 빛조차 중심을 향해 끌려 들어가며, 끝내 중력(정확히는 기조력)이 무한하게 커지는 특이점이라는 영역으로 들어간다는 사실이 알려졌다.

그러나 아인슈타인과 로젠은 슈바르츠실트 반지름에서 두 우주를 연결하면 물질과 특이점 없이 중력장만 존재하는 시공간이 만들어진다고 생각했다.

안타깝게도 두 사람이 발견한 또 다른 우주로 향하는 통로를 통과하려면 빛보다 빨라야 했고, 일반적인 물질은 슈바르츠실트 반지름에 도달하면 무조건 중심의 특이점에 삼켜진다. 이는 나중에 밝혀진 사실이었고, 당시 두 사람은 슈바르츠실트 반지름 바깥쪽에서 관찰하면 물질 없이 중력장만으로도 입자를 나타낼 수 있다는 점에 주목했다.

슈바르츠실트 반지름에서 연결된 또 다른 우주로 향하는 통로를 '아인슈타인-로젠 다리'라고 한다. 어느 우주에서 봐도 블랙홀이 있고, 초광속으로 비행하면 반대편 우주로 건너갈 수 있는 구조이다.

현재 과학자들은 대체로 아인슈타인-로젠 다리를 웜홀이라는 시공간 구조의 일종으로 보고 있다. 웜홀(wormhole)은 말 그대로 벌레가 판 구멍이라는 뜻이다. 벌레가 사과의 한쪽 표면에서 과육을 먹으며 파고 들어가 다른 쪽으로 나오면 지나간 길을 따라 통로가 생긴다. 이때 사과의 표면이 시공간이고, 시공간의 서로 다른 두 점을 연결하는 통로는 웜홀이다.

 ER＝EPR의 의미

아무도 웜홀이 양자역학과 관련이 있으리라고 생각지 못했지만, 2013년에 말다세나와 서스킨드는 웜홀과 양자 얽힘 사이에 밀접한 관련이 있을 가능성을 지적했다.

양자 얽힘 상태의 입자 쌍은 서로 물리적으로 연결되어 있지 않더라도 '한쪽의 상태가 확정된 순간 다른 쪽의 상태도 확정된다는 사실을 인정할 수밖에 없는 관계'였다. 그런데 정말로 두 입자 사이에는 아무런 물리적 연결고리도 없을까?

한편, 류-다카야나기 공식과 람스동크의 연구를 바탕으로 양자 얽힘이 공간을 창발한다는 주장이 제기되었다.

이보다 앞서 말다세나와 서스킨드는 양자 얽힘 상태인 입자 쌍이 여러 개 존재할 때, 각 입자 쌍의 한쪽 입자에서 미시적인 블랙홀이 만들어지는 상황을 가정했다. 이때 두 블랙홀은 양자 얽힘 관계에 있다고 할 수 있다. 두 사람은 이 **양자 얽힘이 블랙홀 내부를 연결하여 아인슈타인-로젠 다리와 같은 웜홀을 만든다**고 생각했다(그림 49).

나아가 두 사람은 **양자 얽힘은 저마다 극단적으로 작은 플랑크 단**

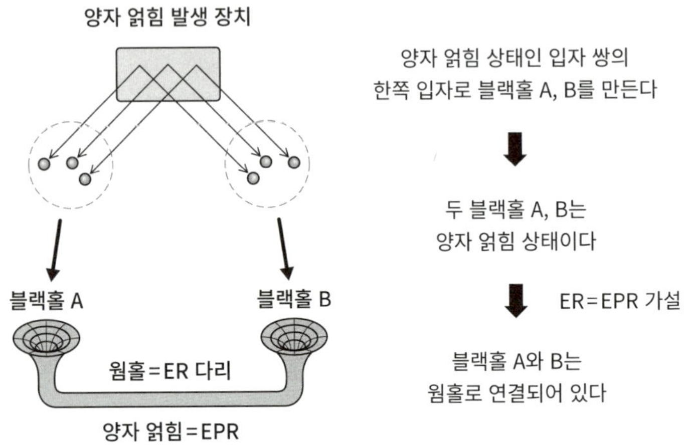

위의 웜홀로 이어져 있다고 주장했다. 이 주장을 상징적으로 ER＝EPR이라고 한다.

ER은 지금까지 배웠다시피 웜홀을, 그리고 EPR은 양자 얽힘에 의해 일어나는 현상인 EPR 역설(이후 역설이 아니라 실제로 존재하는 것으로 판명됨)을 가리키며, 여기서는 양자 얽힘의 대명사로 쓰였다. 즉, 말다세나와 서스킨드의 주장에 따르면 양자 얽힘과 웜홀은 같은 개념이다. 전혀 관련이 없는 줄 알았던 두 논문이 사실 같은 내용을 다른 각도로 바라보고 있었음이 80여 년 만에 밝혀진 것이다.

또한, 플랑크 단위란 중력 법칙의 자연 상수인 뉴턴의 중력 상수, 상대성 이론의 자연 상수인 광속, 그리고 양자역학의 자연 상수인 플랑크 상수 등 세 가지 자연 상수의 조합으로 표현되는 시간·공간·에너지의 기본 단위로, **최소 시간 간격·최소 공간 간격·최소 에너지 크기**를 가리킨다.

 중력이 양자 얽힘으로 만들어진다고?

일반 상대성 이론에 따르면 중력은 시공간의 왜곡이다. 그리고 양자역학 효과는 시공간의 확률적인 요동으로 나타나며, 우주가 탄생할 때나 블랙홀 내부에서 특이점이 발생할 때는 요동이 엄청나게 커지므로 일반 상대성 이론이 크게 수정되리라고 여겨진다. 이 **일반 상대성 이론을 양자역학으로 모순 없이 이론화하려는 시도를 '중력장의 양자화'라고 하며, 그렇게 만들어진 이론이 양자 중력 이론이다.**

양자 중력 이론이 정립되면서 비로소 중력장의 양자 요동이 완전히 규명되었고, '시간이란 무엇인가', '공간이란 무엇인가'라는 근본적인 의문에 대한 답을 구할 수 있을지도 모른다는 기대가 생겼다. 그 덕에 양자 중력 이론 연구는 양자역학이 탄생한 이래로 면면히 이어져 올 수 있었다.

그리고 1980년대에 들어 초끈 이론처럼 유력한 이론도 등장했는데, **기존 연구의 대전제는 자연계에 존재하는 네 가지 힘 중 중력이 전자기력, 약력, 강력과 동등한 자연계의 힘**이라는 믿음이었다.

그러나 1990년 이후 양자역학이 발전하면서 이 믿음은 거대한 의문에 부딪혔다. 중력이 다른 세 힘과 동등한 힘이 아니라, 양자 얽힘으로 만들어진 부차적인 힘일 가능성이 제기되었기 때문이다.

아쉽지만 이 가능성은 우리가 살아가는 현실의 팽창 우주와 성질이 다른 시공간에서의 이론적인 연구에 초점이 맞춰져 있다. 그렇지만 현실의 우주에서도 똑같을 가능성을 수많은 연구자가 찾고 있으며, 성과도 내고 있다.

 양자 컴퓨터로 밝힌 양자와 시공간의 연결고리

그렇다면 이러한 추측이 실제로 검증될 가능성도 있을까? 이 방면의 연구자들은 양자 컴퓨터로 실험을 진행할 수 있을 것으로 기대하고 있다.

양자 컴퓨터라면 여러 개의 양자 비트를 양자 얽힘 상태로 만들 수 있다. 그뿐만 아니라 양자 컴퓨터 내에 서로 떨어져 있는 회로를 양자 얽힘 상태로 만들 수도 있다.

2015년에는 양자 컴퓨터 내에서 웜홀에 대응하는 양자 회로가 고안되었다. 양자 비트 7개로 이루어진 회로 2개의 조합으로 만든 이 회로는 각 회로를 웜홀의 입구로 삼고 둘 사이를 양자 얽힘으로 연결하여 웜홀에 대응했다.

2022년에는 양자 비트 9개로 구성된 컴퓨터 내에 회로를 장착했으며, 한쪽 입구에 대응하는 회로에 삽입한 양자 상태가 다른 쪽 회로로 순식간에 이동하는 현상이 확인되었다. 이는 중력 이론의 관점에서 보면 웜홀을 통해 정보가 순간 이동한 것과 마찬가지이며, 양자 컴퓨터 사이에 웜홀이 실제로 만들어졌다고 해석할 수 있다.

이 실험에 사용한 회로는 양자 비트가 적어 간단한 시공간 상황밖에 재현할 수 없지만, 앞으로는 블랙홀 증발처럼 더 복잡한 현상에 대응하는 실험도 양자 컴퓨터로 구현할 수 있을지 모른다.

양자 얽힘이라는 양자역학 특유의 현상은 양자물리학, 시공간 물리학, 양자 정보과학 사이의 연관성을 밝히는 실마리가 되었다. 머지않아 양자역학과 시공간의 연결고리가 완벽하게 규명되는 미래가 오기를 손꼽아 기다려 본다.

찾아보기